国家社科基金
后期资助项目
GUOJIA SHEKE JIJIN HOUQI ZIZHU XIANGMU

U0720719

环境规制政策组合对亲环境生产行为的影响研究

唐 凯 著

科学出版社

北 京

内 容 简 介

本书将环境经济学、技术经济与管理、决策理论与方法、环境科学等学科的有关理论进行有机融合，着眼于综合考察环境治理的微观和中观层面，从异质性环境规制及其政策组合角度出发量化分析环境规制的影响。通过构建环境规制政策组合视角下的生产行为分析框架，归纳形成不同的环境规制政策组合；综合运用多种实证方法，多层面分析异质性环境规制及其政策组合对于亲环境生产行为的作用效果和影响机制，提炼出异质性环境规制及其政策组合对中国亲环境生产行为选择的驱动机理。本书研究丰富和延伸了环境规制与亲环境生产行为研究的内容和深度，为环境政策效果的评价和进一步优化提供了准确、可靠的实证参考。

本书适合关注环境经济与政策研究的广大科研人员、院校师生以及政府人员阅读参考。

图书在版编目(CIP)数据

环境规制政策组合对亲环境生产行为的影响研究 ／ 唐凯著.
北京 ： 科学出版社， 2025. 6. -- ISBN 978-7-03-081726-6

Ⅰ．X322

中国国家版本馆 CIP 数据核字第 2025CD5681 号

责任编辑：徐　倩/责任校对：姜丽策

责任印制：张　伟/封面设计：有道设计

科学出版社 出版

北京东黄城根北街 16 号
邮政编码：100717
http://www.sciencep.com

北京中石油彩色印刷有限责任公司印刷
科学出版社发行　各地新华书店经销
＊

2025 年 6 月第　一　版　　开本：720×1000　1/16
2025 年 6 月第一次印刷　　印张：12 1/2
字数：240 000

定价：136.00 元
（如有印装质量问题，我社负责调换）

国家社科基金后期资助项目
出版说明

　　后期资助项目是国家社科基金设立的一类重要项目，旨在鼓励广大社科研究者潜心治学，支持基础研究多出优秀成果。它是经过严格评审，从接近完成的科研成果中遴选立项的。为扩大后期资助项目的影响，更好地推动学术发展，促进成果转化，全国哲学社会科学工作办公室按照"统一设计、统一标识、统一版式、形成系列"的总体要求，组织出版国家社科基金后期资助项目成果。

全国哲学社会科学工作办公室

目　　录

第一章　导论 …………………………………………………… 1

　　第一节　本书研究背景 …………………………………… 1

　　第二节　文献综述 ………………………………………… 3

　　第三节　本书研究价值与贡献 …………………………… 13

　　第四节　本书研究内容与方法 …………………………… 17

　　第五节　本书的创新之处 ………………………………… 19

第二章　现实与理论基础 ……………………………………… 21

　　第一节　中国环境政策演进 ……………………………… 21

　　第二节　环境规制对亲环境生产行为的影响机理 ……… 27

第三章　命令控制型环境规制对企业行为选择的影响 ……… 33

　　第一节　引言 ……………………………………………… 33

　　第二节　制度背景和理论分析 …………………………… 35

　　第三节　研究设计 ………………………………………… 41

　　第四节　结果与讨论 ……………………………………… 47

　　第五节　结论与启示 ……………………………………… 60

第四章　命令控制型环境规制对工业企业绿色创新的影响 … 62

　　第一节　引言 ……………………………………………… 62

　　第二节　模型、变量与数据 ……………………………… 68

　　第三节　实证结果 ………………………………………… 74

　　第四节　结论与政策建议 ………………………………… 84

第五章　命令控制型环境规制政策组合下农业污染减排分析：基于

　　　　　异质性视角 ………………………………………… 88

　　第一节　引言 ……………………………………………… 88

　　第二节　实证方法 ………………………………………… 91

　　第三节　数据与变量 ……………………………………… 94

　　第四节　实证结果与讨论 ………………………………………… 96
　　第五节　结论与政策建议 ………………………………………… 103
第六章　市场型环境规制对工业绿色创新的影响 ………………… 106
　　第一节　引言……………………………………………………… 106
　　第二节　研究方法与数据 ………………………………………… 110
　　第三节　研究结果与讨论 ………………………………………… 115
　　第四节　结论与政策建议 ………………………………………… 123
第七章　市场型环境规制对农户亲环境生产行为的影响 ………… 125
　　第一节　引言……………………………………………………… 125
　　第二节　研究对象与分析方法 …………………………………… 127
　　第三节　研究结果 ………………………………………………… 132
　　第四节　进一步讨论 ……………………………………………… 136
　　第五节　结论与政策建议 ………………………………………… 139
第八章　市场型环境规制政策组合下的农户亲环境生产行为 …… 142
　　第一节　引言……………………………………………………… 142
　　第二节　研究区域与研究方法 …………………………………… 145
　　第三节　研究结果 ………………………………………………… 149
　　第四节　进一步讨论 ……………………………………………… 153
　　第五节　结论与政策建议 ………………………………………… 155
第九章　研究结论与展望 …………………………………………… 157
　　第一节　研究结论 ………………………………………………… 157
　　第二节　政策建议 ………………………………………………… 159
　　第三节　研究展望 ………………………………………………… 160
参考文献………………………………………………………………… 162

第一章 导 论

第一节 本书研究背景

改革开放四十年多年来，中国经历了经济快速增长的发展历程。国际货币基金组织（International Monetary Fund，IMF）的分析显示，1980 年至 2016 年，中国实际 GDP 的年均增速为 9.6%，超过了世界主要发达经济体以及新兴经济体和发展中经济体的增速[1]。中国国家统计局数据显示，中国经济总量在 1986 年突破 1 万亿元人民币，在 2000 年突破 10 万亿元人民币。2010 年，中国超过日本，成为仅次于美国的世界第二大经济体。2020 年，中国 GDP 为 101.5986 万亿元人民币，按照年平均汇率折算达到 14.73 万亿美元，稳居世界第二。1980 年，中国人均 GDP 约 300 美元，大致相当于世界平均水平的 12%；2019 年，按照现价美元估算，中国人均 GDP 首次超过 1 万美元大关，达到 10 276 美元，大致相当于世界平均水平的 90%[2]。2020 年在受到新冠疫情影响的情况下，人均 GDP 仍继续小幅增长，为 72 447 元[3]。1979 年至 2012 年，中国对世界经济增长的年均贡献率为 15.9%，仅次于美国，位居世界第二位。2013 年至 2018 年，中国对世界经济增长的年均贡献率为 28.1%，居世界第一位。2006 年至 2018 年，中国对世界经济增长的贡献率已经连续 13 年稳居世界第一位[4]。

然而，与此同时，中国也面临着严峻的环境问题。近些年，环境污染事故屡见报端，雾霾和恶劣天气频繁出现，种种迹象表明中国环境形势依

---

① 分析数据参见 www.imf.org/external/datamapper。

② 《2019 年我国 GDP 近百万亿元，增长 6.1%》，www.gov.cn/xinwen/2020-01/18/content_5470531.htm，2020 年 1 月 18 日。

③《中华人民共和国 2020 年国民经济和社会发展统计公报》，https://www.stats.gov.cn/sj/zxfb/202302/t20230203_1901004.html，2021 年 2 月 28 日。

④ 《连续 13 年！中国对世界经济贡献率居世界第一》，http://news.china.com.cn/2019-08/30/content_75153338.htm，2019 年 8 月 30 日。

然不容乐观。能源过度消耗、大气污染、水污染、噪声污染和土壤污染等问题长期困扰着中国。据 2015 年 10 月发表于英国医学杂志《柳叶刀》上的研究估计，2013 年，环境细颗粒物（particulate matter，$PM_{2.5}$）空气污染导致中国有 91.6 万人过早死亡[①]。耶鲁大学的《2018 年全球环境绩效指数报告》指出，中国的环境绩效指数（environmental performance index，EPI）排名在世界范围内还较为靠后，成为 $PM_{2.5}$ 超标的"重灾区"。中国在过去几十年的经济增长得益于煤炭、石油等化石能源的大规模粗放式消耗（张成等，2011；王林辉等，2020）。中国能源消费结构数据显示，煤炭消耗占国内能源消耗的近 70%，是世界平均水平的 2.4 倍。煤炭等化石能源消耗比重过大，在推动工业发展的同时，导致污染物的过度排放，碳排放量居高不下，环境质量不断下降，经济增长与环境污染矛盾日趋尖锐。环境问题不仅影响人民的生产和生活，也制约着中国的经济发展和社会进步。

面对严峻的生态环境和可持续发展问题，中国政府自 20 世纪 70 年代以来出台了众多的环境规制政策，从早期的《工业"三废"排放试行标准》，逐步发展到后来的《中华人民共和国环境保护法》、《大气污染防治行动计划》、《"十三五"生态环境保护规划》、污染物排放交易体系等。总体而言，这些环境规制政策经历了从单一到多样化的发展过程，从早期以命令控制型政策为主，逐步发展为目前命令控制型与市场型政策并用。随着所实施环境规制政策数量的不断增加，政策系统日趋复杂，不同类型政策之间的相互作用更加普遍，在一些行业事实上形成了以政策组合形式对生产进行环境规制的局面。

亲环境生产行为是指生产者在外部环境压力的作用下，依据自身情况和特点，做出的能够促进环境可持续性的应对行为（Wang et al.，2015a；侯聪美等，2020）。其具体包括绿色创新、清洁生产以及末端治理（Frondel et al.，2007；杨洪涛等，2018；Tang et al.，2020a；王林辉等，2020）。亲环境生产行为是中国经济实现由高速增长转变为高质量发展、平衡经济增长与生态环境保护之间关系的关键所在。然而在市场经济条件下，生产者的非清洁生产存在先发优势，清洁技术研发等亲环境生产行为激励不足。政府虽通过环境规制政策措施在经济增长与环境保护之间寻求平衡，但政策效果仍不尽如人意。通过环境规制政策倒逼或激励生产部门采取行动提

---

① 《清华大学联合发布中国燃煤和其他主要空气污染造成的疾病负担报告》，https://www.rd.tsinghua.edu.cn/info/1054/1640.htm，2016 年 8 月 26 日。

高污染治理能力和产品科技含量，进而促进亲环境生产行为，是设计和实施有关环境规制措施的最终落脚点，也是贯彻新发展理念、建设美丽中国、早日实现碳达峰和碳中和的必由之路。如何实施政策干预，破除经济增长与环境质量改善的两难困境，转变已有的高能耗、高排放的生产方式，促进生产者实施以绿色、可持续为目标的亲环境生产行为，减少生产所造成的环境污染，已成为当前亟须解决的问题。

第二节 文献综述

一、环境规制及其强度测度

目前关于碳排放权交易体系（emissions trading scheme，ETS）的研究主要分为两类。第一类研究关注如何提升碳排放权交易的有效性。第二类研究探讨碳排放权交易对于社会经济要素的影响。大部分第一类研究考虑了碳排放权交易价格。一些学者认为，碳排放权交易价格的设定是决定碳排放权交易能否实现有效减排的关键因素（Tang et al.，2018；Tang et al.，2020a）。如果碳排放权交易价格和交易规模能够被准确预估，碳排放权交易的有效性就能够得到显著提升（Crossland et al.，2013；Tang et al.，2019；Lu et al.，2020）。还有一些学者认为，初始排放额度的分配才是决定碳排放权交易运行有效与否的主要因素（Tang et al.，2017）。

第二类研究探讨碳排放权交易对于社会经济要素的影响，依据研究方法的不同，大致分为两组。一组研究基于仿真方法，使用了可计算一般均衡模型（Liu et al.，2017；Lin and Jia，2019）或数值仿真模型（Chen et al.，2020）。这些研究探讨了碳排放权交易对于环境及经济的潜在影响。然而，由于这些仿真方法的结果高度依赖所假设的参数，相关研究可能无法全面反映碳排放权交易的真实影响（Yi et al.，2020）。另一组研究基于实际数据进行回归分析。一些学者发现，欧盟碳排放权交易无法有效充分地实现电力市场的碳减排（Clò et al.，2017）。近期的一系列研究显示，中国的碳排放权交易试点显著减少了所涵盖区域的碳排放（Dong et al.，2019；Zhang et al.，2019a；Hu et al.，2020）。此外，一些学者认为，中国的碳排放权交易试点也促进了碳排放强度的降低（Zhang et al.，2020）。不过，Zhang 等（2019b）提出这种降低作用仅出现在部分试点地区（如北京和广东）。已有研究还发现，中国实施的碳排放权交易试点能够减少能源消耗、降低能耗强度（Zhang et al.，2019a）、促进新能源的运用（Fang et al.，2020），以及影响技术创新（Rogge et al.，2011；Fang et al.，2018）和绿色发展效率（Zhu et al.，2020）。

总体上，这些研究大多关注整个区域（如某省）（Dong et al.，2019；Zhang et al.，2019a；Zhu et al.，2020）或者所有产业的碳排放（Zhang et al.，2020），与碳排放权交易试点所涵盖的实际范围不相符。尽管 Zhang 等（2019b）和 Hu 等（2020）的研究考虑了特定涵盖的行业，但是他们分析所用的双重差分法（difference-in-difference，DID）以及倾向评分匹配双重差分法（propensity score matching DID，PSM-DID）都无法剔除掉其他政策（如国家或区域层面的产业政策）的潜在影响（Hoque and Mu，2019；Lichtman-Sadot，2019），因此可能对估计结果的有效性产生一定的影响。

碳生产率指的是单位二氧化碳排放所对应的总产出水平（或产出的经济价值）（Kaya and Yokobori，1997；Rodríguez et al.，2020）。它衡量了某一时期内低碳技术的综合水平（Wang et al.，2019a），能够体现绿色创新的程度。提升碳生产率是实现经济社会发展模式低碳转型以及绿色可持续发展的重要途径（Wang et al.，2020）。据估计，为了实现联合国政府间气候变化专门委员会（Intergovernmental Panel on Climate Change，IPCC）2025 年的温室气体减排目标，中国需要大幅提升碳生产率（Iftikhar et al.，2016）。已有研究发现，影响碳生产率的因素包括经济规模（Chen et al.，2018a）、绿色资本投资（Li et al.，2018a）、技术创新水平（Du and Li，2019）、贸易开放程度（Zhang et al.，2018a；Meng and Niu，2012）、能源消费结构（Li et al.，2018b）以及城市化水平（Li and Wang，2019）。然而，鲜有研究分析碳排放权交易对于碳生产率的影响以及相关的中介变量。

对于环境规制强度的测度，已有研究主要采用以下四种方式：①根据政府出台的环境法规政策数量来衡量环境规制的强度。Dechezleprêtre 和 Sato（2017）利用政府出台的环境政策数量研究对企业竞争力的影响。Li 和 Ramanathan（2018）利用中国政府不同类型环境规制政策的数量，研究了其对环境绩效的影响。②依据污染治理投资额来衡量环境规制强度。Åström 等（2019）利用这一指标，研究了控制空气污染的最佳成本。Chen 等（2017a）基于该方式，研究了中国钢铁企业生产和污染的效率。Millimet 和 Roy（2016）利用该变量并在政府环境规制是内生的情况下，对污染天堂假说进行了检验。③依据污染物治理能力，如二氧化硫去除率、废水达标率等来衡量环境规制强度（Liao and Shi，2018；Yuan and Xiang，2018；

Shapiro and Walker，2018）。④利用环境规制政策实施的准自然实验来测量。Cai 等（2016a）利用中国 1998 年实施的双控区准自然实验政策，研究了环境规制是否会驱逐跨国公司的直接投资。Chen 和 Cheng（2017）利用这一方法，研究了环境规制对工业企业生产的影响。Tang 等（2020b）研究了中国命令控制型环境规制对企业全要素生产率的影响。总体而言，利用环境规制政策实施的准自然实验来测量的方式使用 DID 或三重差分法（difference-in-difference-in-difference，DDD），能够有效剔除可随时间变化事件的冲击，使估计效应更为准确，同时还能避免数值型环境规制强度变量的测量误差或大量缺失的弊端。

二、生产者行为的影响因素

对于生产者行为影响因素的探讨，可以分为两种理论假说。

第一种是考虑来自企业决策行为周期的影响，包括企业生命周期以及经济周期。一些学者认为，企业需要在生命周期的不同阶段调整其生产行为、投资目标与策略以及利润分配方式（Owen and Yawson，2010；Dickinson，2011；Thanatawee，2011）。公司的股权结构也会随生命周期变化（la Rocca et al.，2011）。企业从成长期发展到成熟期会使公司高管出现过度自信的心理（Gervais，2011）。还有一些学者认为当市场或行业出现波动时，企业会改变其行为。Covas 和 den Haan（2012）认为除部分大规模企业外，企业股权和债权融资的行为决策均为顺经济周期的。但Jermann 和 Quadrini（2012）利用美国上市公司的证据提出反对意见，认为企业股权融资决策是顺经济周期但债权融资决策是逆经济周期。经济周期同样也会影响企业的现金持有，在经济上行阶段企业会选择持有少量的现金，而在经济衰退阶段则会增加现金持有（Bigelli and Sánchez-Vidal，2012）。来自中国的证据也表明，经济周期会影响企业的现金持有，且民营企业相对于国有企业将会持有更多的现金（Yang et al.，2017a）。此外，经济周期还会对企业盈余管理行为（Liu and Ryan，2006；Yung and Root，2019）和企业避税行为（Koumanakos，2017）产生影响。

第二种则是来自宏观经济政策不确定性的影响，主要表现为政策预期内容的不确定性和政策实施的不确定性。Julio 和 Yook（2012）以及 Gulen 和 Ion（2016）利用经济政策不确定性指数以及企业层面的投资数据发现，经济政策不确定性上升会显著抑制企业投资行为。来自中国的经济政策不确定性指数（Wang et al.，2014a）和中国政府官员变动情况的证据（An et al.，2016），同样也印证了该结论。Chen 等（2023）利用美国大选这一外生事件冲击衡量政治选举带来的政策不确定性，发现政策不确定性将会抑制企业的并购活动。然而当经济政策明确时，如国家产业政策的实施，会使那些受产业政策支持的企业更易成为并购目标（Bonaime et al.，2018）。Bhattacharya 等（2017）同样利用政治选举作为政策不确定性的代理变量，基于 43 个国家的数据研究发现，政策的不确定性会减弱企业的创新动机，导致企业对创新的投资大幅减少。Wang 等（2017a）利用中国数据也发现政策的不确定性会降低企业的创新效率。此外，还有研究发现企业为了免受政策不确定性的影响，会增加政治捐献以及游说支出来减少企业的债务成本（Bradley et al.，2016）。本书选取的环境规制就属于第二种，即宏观经济政策的不确定性对企业行为的影响，环境规制将影响企业生产过程、产品或销售等方面，因此企业为降低政策冲击会采取一系列举措应对。

三、环境规制下的生产者行为

已有文献证明，当政府在环境领域实施规制行为即进行直接干预时，将会出现社会利益和企业成本的矛盾，需要在环境改善和企业利润之间进行权衡（Elsayed and Paton，2005）。由此，对于环境规制出现了政府视角和企业视角下的不同研究，政府视角下关注的是环境规制行为产生了怎样的影响（Beerepoot M and Beerepoot N，2007；Ma et al.，2019）以及如何更好地实施环境规制（Wang and Shen，2016；Hafezi and Zolfagharinia，2018），而在企业视角下则关注的是实施环境规制后企业的应对，包括创新行为与寻租行为。

作为企业的理性决策，追逐利益最大化是企业运作的核心。因此企业应对环境规制的行为除了进行绿色创新活动，可能还会存在寻租行为。寻租行为是经济主体为增强市场竞争能力或获得超额市场回报，而寻求政府行政权力保护的活动（Buchanan，1983；胡税根和翁列恩，2017；陈骏和徐捍军，2019）。面对环境规制，企业试图通过向政府进行寻租降低政府的权力干预，从而获得不正当的竞争优势和超额利润回报（Sampath et al.，2018）。此外，企业寻租的"润滑剂"功能可以使企业躲过行政管制，如不受排污约束指标的限制或者获得更多企业所需的经济资源，而"保护费"功能则可以帮助企业规避税收或免除罚款。因此，若企业认为实施寻租行为所付出的成本低于遵循政府规制的成本，将有足够的动机推动企业进行寻租，采取游说政府（Campos and Giovannoni，2007）、聘请政府官员（Chen et al.，2011）、提供政治资助（Sun et al.，2012）或直接贿赂（Cai et al.，2011）等行为。

企业寻租理论的发展是众多国家实施政府规制的结果。寻租行为是经济主体向政府寻求行政权力的保护与要求政策约束放松便利的行为（胡税根和翁列恩，2017；陈骏和徐捍军，2019）。在企业寻租动机上，只要通过寻租行为能够获得超额利润，那么企业就会争取获得垄断地位（Castillo，2018）、配额资源（Robbins，2000；Bulte and Damania，2008；陈晓红等，2018）、税收优惠（Zelekha and Sharabi，2012；Célimène et al.，2016）或者放松管制（Edirisuriya，2017；涂远博等，2018；Hwang，2019）。企业实施寻租行为的资源投入将会抑制企业的正常生产性投资，只有当非生产性寻租获得的收益和生产性收益相同时，企业才会停止实施寻租行为（Sampath et al.，2018）。在企业微观层面，寻租行为可分为以政府官员、企业高管腐败案件（Fan et al.，2014；曹伟等，2016）衡量的且具有显性特征的寻租行为，以及以招待费与差旅费支出（Cai et al.，2011；黄玖立和李坤望，2013）、超额营业管理费用和超额管理费用（申宇等，2015）等衡量的具有隐性特征的寻租行为。

在企业寻租对经济效率的影响上，产生了两种截然相反的观点。

一种观点认为寻租能够提高企业的经济效率。这种观点认为企业实施寻租行为是因为转型国家市场化存在不足。由于部分资源留在公共领域，当人们争夺该资源时就会产生寻租；且公共领域资源越多，寻租现象就会越严重。然而公共领域的大小取决于产权界定是否清晰，政府管制越多，产权界定越不清晰，企业寻租行为就越盛行（Aidt，2016）。企业通过寻租手段将非市场控制的资源转移到企业当中，帮助企业提高竞争效率以获得超额利润，这在最大化个体利益的同时造成了社会剩余价值的损失（Tullock，2001）。企业实施寻租行为可以帮助其克服金融市场不完善地区环境信贷约束所造成的困难（Wang and You，2012），有助于在恶劣的商业环境下弘扬企业家精神（Dutta and Sobel，2016），促进企业的创新产品推向市场（Krammer，2019），以及维护国家的政治稳定，减少社会动荡和政治动荡，为企业发展改善政治环境（Shabbir et al.，2016）。Sharma和Mitra（2015）利用印度企业的数据发现，寻租行为有助于企业的出口和产品创新，且存在逃税行为的企业更可能向政府官员行贿。Nguyen等（2016）基于越南公司的数据发现，少量的非正式支出费用能够提升公共部门的效率，从而促进产品的改进和创新。来自中国的证据也表明，企业实施寻租行为有助于获得更多的补贴、投资机会和融资额度（李捷瑜和黄宇丰，2010；余明桂等，2010；申宇等，2015；Xu et al.，2017），降低企业的税收负担（Zhang et al.，2017），以及获得地方政府的保护、缓解企业竞争压力（黄玖立和李坤望，2013）。

另一种观点则认为寻租会损害企业的经济效率。寻租行为扭曲了资源的配置，最终会导致企业经济效率下降（陈晓红等，2018）。Claessens 和 Laeven（2003）的研究发现，寻租行为迫使企业为了保护资产收益免受竞争对手的侵害而进行更大规模的固定资产投资，扭曲了企业资源配置，阻碍了企业成长。Birhanu 等（2016）认为贿赂支付短期内不会降低企业绩效，但长期却会影响企业投资，导致企业绩效的降低。van Vu 等（2018）则进一步利用越南私营中小型企业数据检验发现，由寻租行为引起的资源扭曲配置会导致财务绩效的下滑。Athanasouli 和 Goujard（2015）的研究也发现，寻租行为会恶化公司的管理能力，如出现更集中的决策过程和拥有较低行政管理与教育水平的员工，降低公司的生产效率。涂远博等（2018）通过分析中国省级面板数据发现，一些企业偏好于选择贿赂来获取政治关联以得到市场特权，这种寻租偏好抑制了创新投入，有可能造成某些行业陷于低技术锁定的粗放式发展模式。

包括中国在内的许多转型国家中，煤炭、石化、电力等高污染行业由于多种外部原因和自身行业特征，一度成为寻租行为和与之相联系的腐败现象的高发区（Chen et al.，2014；申宇等，2015；Zhan，2017）。近年来中国、越南等国家实施了系列反腐政策措施，惩治了政府官员的贪腐行为，有效治理了高污染企业的寻租行为（Gan and Xu，2019）。但是，高污染企业利用寻租行为规避环境规制的现象仍未能完全杜绝，其背后存在着一定的内在关联（Xu and Yano，2017）。已有研究只是提供侧面证据认为寻租与环境规制二者之间存在关联，但未能从正面实证验证环境规制是否将导致高污染企业实施寻租行为。

已有文献对环境规制和企业行为的讨论主要集中在两个方面。一方面是验证波特假说是否成立。大量的经验证据证明了这一观点，如受美国空气质量规制政策的影响，美国制造业通过创新来降低产品单位污染物排放强度（Shapiro and Walker，2018）。来自欧洲 17 个国家制造业的证据也表明，环境规制对专利所代表的创新活动产出具有积极作用（Rubashkina et al.，2015）。德国 1994 年对印度皮革纺织业实施的环境规制政策，导致印度上游化学染料生产商创新支出大幅增加（Chakraborty and Chatterjee，2017）。但也有学者认为，波特假说并不能促使企业进行更多的创新活动（Ambec et al.，2013；Albrizio et al.，2017）。企业可能为了满足环境规制的要求，不得不放弃开发具有良好前景的项目，因而对企业生产力具有负面影响（Kemp and Pontoglio，2011）。另一方面，则是讨论污染天堂假说是否成立。Solarin 等（2017）利用加纳 1980~2012 年的数据证实了污染天堂假说，外商直接投资增加会提升当地的空气污染程度。Candau 和 Dienesch（2017）利用污染天堂假说解释了污染企业的区位选择，并且发现，园区由于腐败而降低环境标准会吸引企业大量迁入。Yang 等（2018）则发现不同类型环境规制政策对污染天堂效应截然不同。此外，还有部分文献研究了环境规制对企业投资行为（Rodríguez López et al.，2017）和企业融资行为的影响（Liu X and Liu F，2022）。然而，讨论转型经济体中环境规制对企业寻租行为的文献还较少。鲜有研究对企业应对环境规制的寻租途径进行实证分析。

四、环境规制与企业创新

近年来，环境规制对企业创新的影响已得到广泛研究。传统观点认为，环境规制增加了企业的成本负担，企业在环境规制约束下需要支付高额罚款而无法对创新进行大量投入，从而给企业创新带来负面影响，不利于企业经济绩效的提高。Porter（1991）提出了不同的观点，他认为，为了降低成本，企业在面对环境规制的约束时会采取措施、加大创新投入，所以环境规制会促进企业创新，这种观点称为波特假说。

波特假说的出现引起了学术界的强烈反响，许多学者对波特假说进行了检验，检验结果通常有三种。

第一种观点支持波特假说，认为企业在面对环境规制的约束时会采取措施、加大创新投入以避免支付罚款，因此环境规制会促进企业创新，从而部分补偿甚至完全补偿环境规制带来的额外成本，最终实现环境保护和经济增长的双赢（Rogge and Hoffmann，2010；Debnath，2015；Guo et al.，2017）。不少学者的研究支持了这一假说，如受到美国空气质量规制政策影响的炼油厂，其全要素生产率相对于没有受到政策影响的炼油厂有显著的提升（Berman and Bui，2001）。来自日本的证据表明，政府进行环境规制能够促使企业开展更多的研发活动，从而应对政府的标准约束，而研发活动能够推动企业全要素生产率的增长（Hamamoto，2006）。Rogge 和 Hoffmann（2010）发现欧洲碳排放权交易体系可以直接影响企业创新并促进企业节能技术的发展。余伟等（2017）基于中国工业行业数据发现环境规制对技术创新有显著的促进作用。

第二种观点认为环境规制会增加企业的成本，占用企业的创新投入，从而给企业创新带来负面影响（Ramanathan et al.，2010；Testa et al.，2011；Yuan and Xiang，2018；Shi et al.，2018）。有学者基于污染天堂假说，认为企业在环境规制约束下需支付高额罚款则无法对创新进行大量投入，抑制企业的生产（Ambec et al.，2013；余东华和胡亚男，2016），甚至会导致污染密集型产业转移到环境规制水平较低的地区来规避本地规制政策的影响（Zheng and Shi，2017），从而给企业创新带来负面影响（Cole et al.，2010；郭进，2019；Wang et al.，2019a）。

第三种观点则认为企业创新受到环境规制的质量、行业特征、国家工业水平等多种因素的影响，因此环境规制对企业创新的作用不确定（Pan et al.，2019；Cheng et al.，2017）。蒋伏心等（2013）认为环境规制与企业创新之间呈现先下降后提升的"U"形关系，而余东华和胡亚男（2016）发现不同强度的环境规制对中度污染行业创新能力的影响具有不确定性。

此外，还有学者提出不同类型环境规制的效果存在差异（Alesina and Passarelli，2014）。由于不同类型政策工具在监管效率、成本、偏好和适用范围上存在显著差异，环境规制对创新的影响也表现出显著的政策异质性（林伯强和李江龙，2015）。

在企业创新行为的衡量指标方面，现有文献中的指标主要分为三类。第一类通过创新投入来衡量企业的创新能力，使用企业研发经费支出（Chakraborty and Chatterjee，2017；Fernández et al.，2018；You et al.，2019）、研发密度（研发支出/总资产）（Li and Lu，2018）和人均研发投入（Yuan and Xiang，2018）等指标。第二类选择从创新产出的角度来衡量企业创新行为，运用专利数量（Hashmi and Alam，2019；Feng et al.，2019）等指标。第三类选择从创新投入和产出的角度来衡量企业创新行为。投入产出型的指标分为两种：第一种是比值型指数，如研发强度（研发支出/生产总值，研发支出/销售额）（Costa-Campi et al.，2014；Liu et al.，2018；Jin et al.，2019）；第二种是包含多要素投入和产出的综合型指数，Guo 等（2017）在构建综合型指数时将研发人员、获得国外技术的费用、购买国内技术的费用和内部研发支出作为投入要素，将专利数量作为产出要素，Li 等（2018c）使用的指数中研发投入、研发人员和环境指数为投入要素，新产品销售收入和专利数量为产出要素。

前两类指标虽然都能够在一定程度上反映企业的创新行为，但是这两类指标都存在将投入与产出分离的重大缺陷。投入与产出是生产过程的重要阶段，两者相辅相成、密不可分，创新本质上是一个复杂的投入产出过程，只有同时考虑投入和产出两个阶段才能全面衡量企业创新（Kontolaimou et al.，2016）。第三类指标中，比值型指数虽然涉及投入和产出两个角度，定义简单且易于计算（Zhang et al.，2017），但只是将投入与产出进行简单相除，没有考虑其他要素的贡献和多元化的产出，导致结果不够准确，并且纳入比值型指数的项目必须为相同的计量单位，否则不能进行运算。综合型指数综合考虑了投入和产出两方面的内容，是以上几种指标中最合理的指标，具体来看，Guo 等（2017）构建的指数包括人员和资金的投入以及专利产出，但并未考虑非期望产出。企业的生产过程不可避免地会伴随着污染物的排放，在评价企业创新时忽略非期望产出会扭曲对其效率的评估；Li 等（2018c）构建的指数包括人员和资金的投入、污染物排放的非期望产出（以环境指数的形式）和新产品销售收入、专利数量的期望产出。

现有文献大多数从区域或行业角度研究环境规制对创新的影响（Guo et al.，2017；Cheng et al.，2017），忽视了对企业创新行为的研究。企业是最基本和重要的经济活动主体，在面临环境规制政策时，企业的决策和行为会改变企业的创新等其他方面的绩效，从而导致行业和区域创新效率的变化。企业微观数据的研究具有很高的研究价值，可以为政府的政策制定提供许多针对性的建议。

基于文献回顾与梳理，现有研究存在以下不足：第一，大多数文献侧重于中观层面和宏观层面，如行业和国家层面，较少从微观企业层面研究环境政策对企业创新的影响，大多数关注环境政策对行业或区域创新的作用，很少关注作为经济活动主体的企业；第二，缺乏环境规制对企业创新影响的异质性研究，大多数文献只探讨了两者的关系，并未深入检验异质性因素，不能为政策调整提供更加全面的建议；第三，缺少机制分析部分，对环境规制政策效果因果关系的探究不够重视，不能为政策评价提供更准确、可靠的定量分析。

五、环境规制与农户亲环境生产行为

一些研究关注了发展中国家小农农业，分析了降水量下降所造成的农业产出以及利润的变化（Li et al.，2011；Chen et al.，2015；Trinh et al.，2018）。这些研究多使用具体的作物或畜牧模型来进行仿真。在实际中，小农会采取可利用的亲环境生产行为措施，以减少由产出变化以及如农业碳税在内的负激励所造成的潜在经济损失。然而，鲜有研究针对发展中国家小农户采用亲环境生产行为的情况分析降水量下降以及农业碳税征收的综合作用。

研究所涵盖亲环境生产行为的综合作用主要有两种方法。第一种方法需要研究者对潜在亲环境生产行为进行组合，然后分析每一种所选组合的影响（Chalise and Naranpanawa, 2016; Fahad and Wang, 2018）。研究者可以完全决定哪些适应组合被选择，以确保能够对特定亲环境生产行为进行有效分析。然而在复杂的复合经营农业地区（如黄土高原地区），盲目选择亲环境生产行为组合是不合理的。由于难以对所有可能的措施进行充分比较，研究者可能会忽视一些潜在有效的组合（Challinor et al., 2014）。第二种方法是对所有可能的亲环境生产行为组合进行自动与系统的优化分析（Thamo et al., 2017）。该方法不需要识别最优适应组合。在具有众多自然-社会参数的复杂系统环境下，该方法相较第一种方法更为有效。近年来，该方法被运用于有关发达国家大农场的分析中（Farquharson et al., 2013; Thamo et al., 2017）。然而，鲜有学者利用该方法分析发展中国家小农户应对气候变化综合作用的亲环境生产行为组合。

现有关于黄土高原地区气候变化作用的研究多关注单一农业生产部门（Li et al., 2011; Liu and Sang, 2013; Chen et al., 2015）。总体上，这些研究通过分析其所关注的农业生产部门，认为气候变化对于当地的农业系统有着显著影响。然而，这些研究往往忽略了当地农业系统中众多组成部分的综合变化。事实上，在黄土高原地区，当地大部分农户从事种植作物和饲养牲畜在内的多种农业生产活动（Fu et al., 2011; Tang et al., 2019）。因此，仅仅关注单一农业生产部门与事实不相符，可能会削弱分析结果的完整性。

在政策制定者对碳汇农业表现出强烈兴趣的同时，分析农业温室气体减排政策对农地使用和农户经营行为的影响成为新兴的研究话题。有关碳汇农业的研究尤其关注固碳农业活动的有效性及成本。他们发现，包括保护性耕作（Pendell et al., 2007; Khataza et al., 2017）、轮作（González-Estrada et al., 2008; Havlík et al., 2013）、不间断耕作（Antle et al., 2001）、作物残茬管理（Thamo et al., 2013; Antle et al., 2018）以及退耕还林（Stavins, 1999; Hunt, 2008; Hoang et al., 2013）在内的亲环境生产行为能够实现可观的固碳效果。然而，这些行为的成本会随着区域、农业系统以及减缓活动的不同而有所差别（Hunt, 2008; 张凡和李长生, 2010; Tang et al., 2016a）。例如，保护性耕作对于高度工业化的地区而言也许是一个具有成本有效性优势的选择，而尚处于工业化进程中的地区似乎更倾向于选择退耕还林（Tang et al., 2016a; Tang et al., 2018）。

近年来，开始有学者对中国碳汇农业的有关问题进行探讨。然而，这些研究中的绝大多数仅仅分析了种植部门中的固碳措施（Zhang et al., 2013; Yuan et al., 2016; Ji et al., 2017）。所测算的固碳潜力也由于所采取的固碳措施不同而有所差别。此外，这些研究缺乏关于相关减排成本的信息。需要注意的是，畜牧生产产生了大量的非CO_2温室气体，其所产生的CH_4和N_2O分别占人类排放总量的44%和53%（IPCC，2006）。然而，以上研究都没有考虑中国畜牧生产排放的温室气体。在中国，畜牧生产所产生的温室气体排放量约占农业温室气体排放总量的一半（Dong et al.，2008）。为了更全面地理解种-畜复合经营农业部门中亲环境生产行为措施对于温室气体排放的影响，有必要对作物生产以及牲畜肠道发酵和粪便所产生的温室气体进行综合分析。在种-畜复合经营农业中，农业温室气体减排政策可能会引起种植部门、畜牧部门以及种-畜生产经营结构的变化。

考虑到中国近期在市场型碳减排机制方面的实践（如2012年开始设立的区域碳市场以及2017年开始谋划的全国性碳交易计划），政策制定者需要了解碳汇农业在温室气体减排方面的成本有效性。为了减轻实施碳交易计划方面的工作压力，相关监管部门未设定强制减排目标。例如，依据长期市场交易数据，天津碳市场的任务目标被设定为排放密度年均减少0.2%。作为一个相对的减排目标，降低排放密度并不意味着温室气体排放量的减少。与这些区域碳市场温和的减排目标相对应的是，市场上的碳价多在50元/tCO_2e至150元/tCO_2e之间波动。那么，一个与之相关的问题是，既然农业温室气体减排政策被设定在可比较的水平上，亲环境生产行为到底能够减少多少温室气体排放呢？这个问题的答案在很大程度上取决于农民对于减排政策的响应，在根本上取决于农民的边际减排成本。据作者所知，目前还没有相关研究涉及中国雨养农业区种-畜复合经营农民如何对市场型环境规制政策进行响应，以及在种-畜复合经营农业中进行亲环境生产行为是否对于整体温室气体减排而言是一项具有成本有效性优势的选择。本书后续内容将对这些问题进行深入探讨。

第三节 本书研究价值与贡献

一、现有研究的不足之处

现有研究就环境规制对生产者行为影响的问题进行了多角度的机理剖析和实证检验。总体而言，大多数研究基于单一环境规制政策，分析环境政策对行业或区域层面单一亲环境生产行为的作用，其结论丰富了人们对于环境规制与生产者行为之间关系的认识，为环境规制政策的制定和实践提供了有价值的参考。然而，已有研究还存在以下不足。

首先，现有研究主要基于单一环境规制政策，并未将环境规制的异质性考虑进来，缺乏对不同环境规制及其政策组合影响方面的探讨，且这些研究各成体系、相对独立，也没有得出一致的结论，有些理论甚至互相冲突。例如，针对环境规制对生产者绿色创新影响这一问题，学界通常有以下几种看法。第一种是基于波特假说（Porter，1991），认为企业在面对环境规制的约束时会采取措施、加大创新投入以避免支付罚款，所以环境规制会促进企业绿色创新。不少学者的研究支持了这一假说（Berman and Bui，2001；Hamamoto，2006；Rogge et al.，2011；余伟等，2017）。第二种基于污染天堂假说，认为企业在环境规制约束下需支付高额罚款则无法对创新进行大量投入，抑制企业的生产（Ambec et al.，2013；余东华和胡亚男，2016），甚至会导致污染密集型产业转移到环境规制水平较低的地区来规避本国规制政策的影响（Zheng and Shi，2017），从而给企业创新带来负面影响（Cole et al.，2010；郭进，2019；Wang et al.，2019b）。第三种则认为企业创新受多种因素影响，因此环境规制对企业创新的作用不确定（蒋伏心等，2013；余东华和胡亚男，2016）。此外，还有学者提出不同类型环境规制的效果存在差异（Alesina and Passarelli，2014；李小平等，2020）。由于不同类型政策工具在监管效率、成本、偏好和适用范围上存在显著差异，环境规制对创新的影响也表现出显著的政策异质性（林伯强和李江龙，2015）。

其次，现有研究多从行业或区域单一层面出发，探讨环境政策对于亲环境生产行为的影响，但缺乏综合考虑生产者微观层面和产业中观层面特征，多尺度、全面分析环境规制对于异质性生产部门采取不同亲环境生产行为影响效果的探讨，同时对环境规制政策效果因果关系的探究不够重视，亟须通过更准确可靠的定量分析方法为政策评价提供科学依据。期刊论文由于受篇幅的影响，往往没有将生产者微观层面和产业中观层面特征同时考虑在内，很难进行全面系统多尺度的分析。但是考虑到生产者与产业的关联性，有必要将二者结合起来，综合考虑微观与中观层面的异质性因素，探究环境规制政策效果的因果关系，全面分析环境规制对不同亲环境生产行为影响的微观层面与中观层面机制，为政策的效果评价和进一步优化提供参考。

再次，现有研究多侧重于对单一方法的运用，难以规避所选择方法对于实证研究结果准确性的潜在影响，亟须利用多种方法多维度综合比较研究环境规制和生产者行为，提高实证研究结论的可靠性。例如，在定量分析环境规制的作用方面，绝大多数学者考虑了 DID（Geltman et al.，2016；Shao et al.，2019；Zhang et al.，2019a；崔广慧和姜英兵，2019；吴建祖和王蓉娟，2019）。该方法将样本分为实验组和对照组，根据实验组和对照组在政策实施前后的变化量差值计算出政策实施的净影响，但其存在无法消除行业差异以及地区差异的问题。因此有必要在 DID 的基础上，引入其他方法（如 DDD）进行分析比较，以降低相关异质性因素的影响。

二、本书研究的贡献

中国环境治理体系形成过程比较独特，环境规制政策体系具有鲜明的中国特色。这些特征在给中国环境污染治理和可持续转型带来困难的同时，也为进一步发展和完善环境经济学以及相关学科理论提供了难得的资源。本书将环境经济学、技术经济与管理、新政治经济学、决策理论与方法、环境科学等学科的有关理论进行有机融合，构建环境规制政策组合视角下的生产行为分析框架，在异质性环境规制的基础上，归纳形成不同的环境规制政策组合，多层面实证分析异质性环境规制政策组合对于亲环境生产行为的作用效果和影响机制，提炼出异质性环境规制政策组合对中国亲环境生产行为选择的驱动机理。本书的研究具有重要的学术价值和现实意义。

（1）学术价值。本书在总结中国环境治理所采取的命令控制型和市场型环境规制具体政策的基础上，构建异质性环境规制政策组合，多维度深入剖析异质性环境规制政策组合对于亲环境生产行为的作用效果和影响机制，揭示亲环境生产行为选择的驱动机理。因此，本书的研究具有很强的系统性、综合性和全面性，为人们认识理解异质性环境规制及其政策组合，厘清其对亲环境生产行为的作用机制和政策选择，提供了新的分析框架和实证证据。此外，本书将环境经济学、技术经济与管理、新政治经济学、决策理论与方法、环境科学等学科的有关理论与中国具体的环境污染治理问题进行有机融合，为进一步丰富和发展符合中国国情的环境经济以及技术经济与管理理论体系提供了新的思路。

本书通过系统梳理各类环境规制与亲环境生产行为分析评价理论，探索潜在的理论耦合点，构建基于生产全要素、综合考虑多种亲环境生产行为的异质性环境规制组合视角下的生产行为分析框架，为进一步丰富和完善环境规制、生产者行为和可持续发展理论上的认识提供了一个可参考的研究框架，有助于丰富和延伸环境规制与生产行为研究的内容和深度，有助于规范生产部门可持续性适应分析的研究范式,为将来进一步从不同层面分析中国的环境治理与政策问题奠定了基础。

本书在研究中除了采用常用的 DID 和参数计量方法,还依据研究对象的特点采用了一些新的方法,如广义三重差分法(generalized DDD)、逐步法、参数型非径向距离函数法、动态混合整数规划法、生物物理学分析等。运用多种方法进行多视角剖析,规避所选择单一方法对于实证研究结果准确性的潜在影响,保证了本书实证研究的科学性和结论的稳健性,为环境规制政策的效果评价和进一步优化提供更准确可靠的实证。本书实证方法的创新也弥补了现有实证分析研究的不足,为研究中国环境规制与亲环境生产行为提供了新的研究方案,具有重要的学术价值。

本书的研究提供了一些重要的学术证据。例如,本书研究发现命令控制型环境规制对亲环境生产行为的影响存在阶段性和异质性特征。在实施初期,命令控制型环境规制由于减少了企业的现金流量,会对小企业以及西部和东部企业的绿色创新产生一定的抑制作用,而随着规制的持续实施,企业将逐步选择绿色创新行为,且国有企业相对于民营企业更愿意采取绿色创新行为。再如,市场型环境规制的推行会显著促进所涵盖行业的亲环境生产,其中对石化行业和电力行业的促进作用最为明显,而对建筑材料行业以及交通行业的促进作用相对较弱,且所产生的影响存在明显的区域异质性。这种促进作用主要是通过推动技术进步以及增加资本投资来实现的,且前者的促进作用更强。此外,在实施了市场型环境规制的情况下,如果实施了亲环境生产行为,气候变化所造成的农户利润损失可以控制在一定的范围内。农民会选择调整农地利用和作物种植结构以及改变农业管理行为等措施来实施亲环境生产,以应对气候变化条件下的市场型环境规制。还有许多重要的研究结果此处不再一一介绍。

(2)现实意义。中国目前面临着严峻的环境问题,甚至在可以预见的较长一段时间内这些问题都将成为影响人民生产和生活、困扰中国经济社会发展的难题。然而现有研究对其演变规律、形成机理、污染损失和治理路径等问题仍然缺乏足够的认识。例如,缺乏对异质性环境规制及其政策组合影响方面的认识,对于异质性环境规制工具所产生的综合作用缺乏足够的了解;对于环境规制在生产者微观层面产生的影响还知之甚少,但缺少综合考虑生产者微观层面和产业中观层面特征,多尺度、全面分析环境规制对于异质性生产部门采取不同亲环境生产行为影响效果的探讨;对环境规制政策效果因果关系的探究不够重视。

基于上述现实问题,本书尝试推进人们对于运用环境规制工具治理污染的认识，并为环境规制政策工具的效果评价和进一步优化提供参考与政策建议。本书对于异质性环境规制及其政策组合的影响以及综合作用的研究，可以为相关部门设计和完善环境规制政策工具体系提供可靠的参考；对于微观生产者和中观产业对环境规制所进行应对的研究，可以为产业规划和产业发展政策等的调整提供重要参考依据；对环境规制政策效果因果关系的研究，可以为环境管理体系的改革等提供重要的理论支撑。由此可见，本书的研究可以为中国经济的绿色转型和可持续发展提供可靠的科学依据和政策支持，具有重要的现实意义。

第四节　本书研究内容与方法

本书所涉及现实问题具有复杂性和多学科交叉的特点。环境污染的形成机理和治理过程本身非常复杂，涉及多个学科的知识。且与多数国家不同，中国在环境污染形成和环境治理体系等方面具有鲜明的中国特色，这又进一步增加了环境污染研究的复杂性和难度。因此本书综合采用环境经济学、技术经济与管理、新政治经济学、决策理论与方法、环境科学等学科的有关理论来构建理论模型和分析框架，阐述其形成机制和治理的措施与路径。

具体而言，本书以政策研究、文献研究、实证研究、比较研究等为基本方法，按照"现状分析—理论研究—实证研究—对策措施"的基本思路，采用多种研究方法集成。

本书的主要研究内容（除去第一章导论和第九章研究结论与展望外）从整体结构来看，可以分为以下三个部分。

第一部分，现实基础以及环境规制与亲环境生产行为的理论梳理（第二章）。

该部分是本书研究的现实和理论基础。第一部分首先对中国环境政策的演进进行了系统阐述，基于中国环境治理的实际为本书研究提供事实支撑。然后论述了环境规制对亲环境生产行为的影响机理，界定了环境规制与亲环境生产行为的定义，针对其内涵、特征、类型等方面内容进行了系统阐述，分别研究命令控制型环境规制、市场型环境规制影响亲环境生产行为的机理，并对两类机理做比较分析，建构本书研究的理论框架。

第二部分，命令控制型环境规制及其政策组合对亲环境生产行为的影响（第三章至第五章）。

中国目前的环境规制政策主要是基于污染物减排的管理性目标，大多属于命令控制型环境规制。随着所实施环境规制政策数量的不断增加，政策系统日趋复杂，不同类型政策之间的相互作用更加普遍，在一些行业形成了以命令控制型环境规制政策组合形式促进绿色创新以及清洁生产等亲环境生产行为的局面。第二部分分别从企业和产业层面出发，实证剖析命令控制型环境规制及其政策组合对亲环境生产行为的影响。

第三章首先利用《国家环境保护"十二五"规划》这一典型的命令控制型环境规制进行准自然实验，根据中国上市公司的面板数据，采用 DID 和广义 DDD，检验命令控制型环境规制的实施是否将促使企业采取绿色创新这一亲环境生产行为。具体地，对于命令控制型环境规制对生产行为影响及其动态边际效益的分析拟利用 DID；对于影响的平均处理效应的分析拟采用广义 DDD；对环境规制政策效果因果关系的研究拟运用逐步法等。进一步地，第三章还讨论了环境规制政策持续实施后，企业实施绿色创新行为的动态变化情况。

第四章基于"十一五"规划二氧化硫减排政策，研究了命令控制型环境规制对工业企业绿色创新的影响。以 21 个工业行业 496 家沪深 A 股上市企业的微观面板数据为基础，首先采用超效率松弛测度数据包络分析（super slack based measure data envelopment analysis，Super-SBM DEA）模型测算企业的绿色创新效率，通过连续变量对命令控制型环境规制政策的强度进行区分。然后利用 DID 和 DDD 进行估计，以评价该政策对于企业绿色创新效率的作用。接下来通过异质性分析，探讨企业特征的差异对于命令控制型环境规制与绿色创新相互作用的影响，通过机制分析进一步厘清驱动绿色创新的内因。

第五章分析了异质性命令控制型环境规制政策组合对农业亲环境生产行为的影响。在分析过程中，考虑了三种命令控制型环境规制政策组合，分别以三个不同的方向向量来表示，以探讨环境规制政策组合选择下评估结果的稳健性。代表不同命令控制型环境规制政策组合的异质性方向向量，反映了在不同经济社会发展阶段对于经济与环境之间关系认知的差异。运用参数型非径向方向性距离函数，具体研究了考虑清洁生产的中国省域农业全要素效率和农业化学需氧量（chemical oxygen demand，COD）边际减排成本。

第三部分，市场型环境规制及其政策组合对亲环境生产行为的影响。（第六章~第八章）

市场型环境规制通过环境经济手段,利用市场信号影响经济主体行为,通过经济激励的方式把外部效果内部化,鼓励经济主体在追求自身利益的同时降低污染水平。近年来,市场型环境规制在中国的应用越来越广泛,政策内容与形式不断丰富。第三部分从产业和生产者层面出发,分别剖析了市场型环境规制及其政策组合对绿色创新以及清洁生产等亲环境生产行为的影响。

第六章探讨了中国实施区域碳排放权交易对于工业行业绿色创新的影响。以区域碳排放权交易这一典型市场型环境规制作为准自然实验,以涵盖34个省域工业行业的面板数据为基础,利用DDD实证分析了区域碳排放权交易对于工业行业绿色创新的作用。此外,还研究了区域与行业异质性因素对以上作用的影响,以及技术进步和资本投资的中介效应。

第七章利用一个集成采用动态混合整数规划法和生物物理学分析等定量方法的全农场生物经济优化模型,分析了在考虑气候变化因素的情况下市场型环境规制对于小农户亲环境生产行为的影响。该章首先分析了一系列潜在的市场型环境规制对于农业利润的影响,然后估计了在采取亲环境生产行为的情况下农业碳排放量的变化,接下来探讨了农户如何基于现有可利用的亲环境生产行为来适应气候变化。

第八章关注市场型环境规制政策组合对农户亲环境生产行为的影响。该章利用一个全农场生物经济优化模型,分析了在异质性市场型环境规制政策组合下,种-畜复合经营农户在清洁生产、农业利润以及农户碳排放量方面的变化,并估算了农业碳减排的边际减排成本,以此厘清市场型环境规制政策组合对农户亲环境生产行为选择的驱动机理。

第五节　本书的创新之处

与已有研究不同,本书研究从异质性环境规制及其政策组合角度出发量化分析环境规制的影响。现有研究主要对一类或一组环境规制的规制效果进行评价比较,从逻辑层面定性分析环境规制政策之间相互作用对宏观经济社会系统的影响。本书则是基于中国环境治理实际,总结中国高污染行业所采取的命令控制型和市场型环境规制具体政策,建构异质性环境规制政策组合,多维度深入剖析异质性环境规制及其组合对于亲环境生产行为的影响效果及演化趋势,厘清行为的影响机制,因而扩展了已有研究范围,弥补了以往研究缺乏行业层面环境规制政策协同问题定量分析的不足,结论更具实践指导意义。

　　与已有研究不同，本书着眼于综合考察环境治理的微观层面和中观层面。现有研究多从行业或区域单一层面出发，探讨环境政策对于生产的影响，但缺乏综合考虑生产者微观层面和产业中观层面特征，多尺度、全面分析环境规制对于异质性生产部门采取不同亲环境生产行为影响效果的探讨，同时对环境规制政策效果因果关系的探究不够重视，亟须通过更准确可靠的定量分析方法为政策评价提供科学依据。本书则综合考虑环境治理微观与中观层面的异质性因素，探究环境规制政策效果的因果关系，全面分析环境规制对于不同亲环境生产行为影响的微观层面与中观层面机制，丰富和延伸环境规制与亲环境生产行为研究的内容和深度，研究结论更加符合实际情况，为政策的效果评价和进一步优化提供参考。

　　与已有研究不同，本书运用多学科方法从多视角实证分析环境规制及其组合对于亲环境生产行为的作用。现有研究多侧重于对单一方法的运用，难以规避所选择方法对于实证研究结果准确性的潜在影响。因此，亟须利用多学科方法从多视角综合研究环境规制与亲环境生产行为。本书拟综合运用非参数型 Super-SBM DEA 方法、参数型非径向距离函数法、DID、广义 DDD、逐步法、整数规划法和生物物理学分析法等实证方法，多方法、多视角剖析环境规制及其组合下的亲环境生产行为，以较好地解决不同方法结论的非一致性问题，提高研究结论的稳健性，为政策效果评价和进一步优化提供更准确可靠的实证参考。

第二章　现实与理论基础

第一节　中国环境政策演进

肇始于20世纪70年代初，中国的环境治理之路已走过半个世纪。随着经济社会发展与公众意识提高，中国逐步形成了具有鲜明特色的环境规制政策体系。具体而言，中国环境政策演进可以划分为以下几个阶段。

一、初创探索阶段（1972~1991年）

1972年6月，首届联合国人类环境会议在瑞典首都斯德哥尔摩召开，包括中国在内的113个国家派代表团参加。大会通过了《联合国人类环境会议宣言》（又称《斯德哥尔摩宣言》），具体包含26项原则，与会国首次就保护和改善人类环境达成基本共识，是人类环境保护事业重要的里程碑。这次会议是中国恢复其在联合国合法席位后参与的首次联合国大会，对中国来说是"一次生动的课堂"[1]，也是中国政府开始注意自身与全球环境治理的起点。

首届联合国人类环境会议后，1973年8月第一次全国环境保护会议在北京召开，揭开了中国当代环境保护事业的序幕。该次会议确定了32字环境保护工作方针，即"全面规划，合理布局，综合利用，化害为利，依靠群众，大家动手，保护环境，造福人民"。会议通过了中国第一个环境保护文件——《关于保护和改善环境的若干规定（试行草案）》，制定了《关于加强全国环境监测工作意见》和《自然保护区暂行条例》[2]，设立了国务院环境保护领导小组，标志着环境保护开始列入中国各级政府的职能范围。

---

[1]《重读〈人类环境宣言〉:建构中国环境话语体系的可贵努力》，http://www.xinhuanet.com/politics/2015-01/14/c_1113990666.htm，2015年1月14日。

[2]《第一次全国环境保护会议》，https://www.mee.gov.cn/zjhb/lsj/lsj_zyhy/201807/t20180713_446637.shtml，2018年7月13日。

会议之后，全国相继建立了各层级的环境保护部门，并开始对一些严重的环境污染进行初步治理，中国的环境规制由此起步。

从 20 世纪 70 年代开始，中国政府开始运用命令控制型环境规制进行环境治理。1973 年 11 月 17 日，国家计划委员会、国家基本建设委员会和卫生部联合发布了中国第一项生态环境保护标准《工业"三废"排放试行标准》（GBJ 4—1973），并于 1974 年 1 月 1 日试行。该标准对 5 种工业部门制定出 13 类有害废气物质的排放速率或浓度标准，规定了工业废水最高容许排放浓度 2 类 19 项有害物质指标，并对工业废渣排放明确了一些原则规定。1974 年 1 月 30 日，国务院批准公布了《中华人民共和国防止沿海水域污染暂行规定》（国发〔1974〕11 号），自公布之日起 12 个月后生效，这是中国海洋环境污染防治的第一个规范性文件。1978 年，全国人大五届一次会议通过的《中华人民共和国宪法》规定，"国家保护环境和自然资源，防治污染和其他公害"。这是新中国历史上第一次在宪法中对环境保护做出明确规定，为中国环境法制建设和环境保护事业的发展奠定了基础①。1979 年 9 月 13 日，全国人民代表大会通过《中华人民共和国环境保护法（试行）》，标志着中国环境治理事业正式步入法治时代。

1983 年 12 月底至 1984 年 1 月初，第二次全国环境保护会议在北京召开。会议将环境保护确立为中国必须长期坚持的一项基本国策，制定了中国环境保护的总方针、总政策，即"经济建设、城乡建设、环境建设，同步规划、同步实施、同步发展，实现经济效益、社会效益和环境效益相统一"，明确了"预防为主、防治结合""谁污染、谁治理""强化环境管理"的环境保护三大政策，奠定了中国环境治理道路的基础。紧接着，1984 年 5 月 8 日，国务院颁布《关于环境保护工作的决定》（国发〔1984〕64 号），决定成立国务院环境保护委员会，明确中央各部委以及地方各级政府在环境保护与治理方面的职责安排、组织架构以及具体分工，环境保护开始纳入国民经济和社会发展计划。1989 年 4 月底至 5 月初，第三次全国环境保护会议在北京召开。会议提出积极推行深化环境管理的环境保护目标责任制、城市环境综合整治定量考核制、排放污染物许可证制、污染集中控制和限期治理五项新制度与措施，形成了中国环境管理的"八项制度"，对新上项目坚决实行"三同时"，不增加新污染源，对老污染源有计划、有步骤分期加以解决。

---

① 《新中国 60 周年系列报告之十七：环境保护成就斐然》，https://www.stats.gov.cn/zt_18555/ztfx/qzxzgcl60zn/202303/t20230301_1920396.html，2009 年 9 月 28 日。

在初创探索阶段，截至 1991 年，中国共制定并颁布了《中华人民共和国海洋环境保护法》《中华人民共和国大气污染防治法》《中华人民共和国水污染防治法》《中华人民共和国环境噪声污染防治条例》等十余部资源环境法律、20 多件行政法规、20 多件部门规章（吴舜泽等，2020），环境规制政策体系初步建立，明确了中国环境治理与保护的基本目的、基本原则、基本制度、基本路径。受到国家意识理念、经济发展、社会意识等诸多因素的影响，这一时期的环境规制政策基本上属于命令控制型环境规制，只是搭建起了环境治理与保护的大致政策框架，还未建立起对环境治理全面整体的认识，环境规制政策的实施受到较多制约，环境规制的效果有限。

二、体系完善阶段（1992~2012 年）

1992 年 6 月，联合国环境与发展会议在巴西里约热内卢举行，183 个国家的代表团和 70 个国际组织的代表出席了会议。大会通过了包含 27 项原则的《里约宣言》，达成了呼吁实现 21 世纪全面可持续发展的《21 世纪议程》以及《关于所有类型森林的管理、保存和可持续开发的无法律约束力的全球协商一致意见权威性原则声明》。会议签署了旨在防止全球气温变暖的《联合国气候变化框架公约》和推动保护生物多样性的《生物多样性公约》。大会提高了世界各国对环境问题认识的广度和深度，并且把环境问题与经济、社会发展结合起来，树立了环境与发展相互协调的观点，找到了在发展中解决环境问题的正确道路，即可持续发展战略，标志着环境保护事业在全球范围内的历史性转变。会议还指出，要想实现人类的可持续发展，关键在于满足人类需求的同时，还要全面和平衡地应对经济、社会和环境问题。这种全面的方法是可行的，前提是我们要改变目前对生产和消费方式、生活和工作方式以及决策方式的认识[1]。

在里约热内卢联合国环境与发展会议两个月以后，中国发布《中国关于环境与发展问题的十大对策》，将实施可持续发展确立为国家战略，明确指出走可持续发展道路是当代中国以及未来的必然选择，标志着中国对环境与发展关系的认识进入了一个新阶段。1994 年 3 月，中国政府发布了《中国 21 世纪议程》，从人口、环境与发展的具体国情出发，将总体可持续发展、人口与社会可持续发展、经济可持续发展、资源合理利用以及环

---

[1] 《国际环境保护行动的新蓝图》，https://www.un.org/zh/conferences/environment/rio1992，1992年 6 月 20 日。

境保护融合协调，提出了中国可持续发展的总体战略、对策以及行动方案，是全球首部国家级可持续发展战略规划。1996 年 3 月，第八届全国人民代表大会第四次会议审议通过的《中华人民共和国国民经济和社会发展"九五"计划和 2010 年远景目标纲要》，将实施可持续发展作为现代化建设的一项重大战略，使可持续发展战略在中国经济建设和社会发展过程中得以实施。

2003 年 10 月，党的十六届三中全会明确提出"坚持以人为本，树立全面、协调、可持续的发展观，促进经济社会和人的全面发展"；并提出了"统筹城乡发展、统筹区域发展、统筹经济社会发展、统筹人与自然和谐发展、统筹国内发展和对外开放"的"五个统筹"，将科学发展观正式确立为中国共产党的执政理念之一。2005 年 10 月，党的十六届五中全会提出要"加快建设资源节约型、环境友好型社会，大力发展循环经济，加大环境保护力度，切实保护好自然生态，认真解决影响经济社会发展特别是严重危害人民健康的突出的环境问题，在全社会形成资源节约的增长方式和健康文明的消费模式"，将建设资源节约型、环境友好型社会确定为国民经济和社会发展的一项战略任务。

在体系完善阶段，中国政府不断完善与社会主义市场经济相适应的环境规制政策体系，提出并实施了一系列命令控制型环境规制政策。例如，大力推进"一控双达标"（控制 12 种主要工业污染物排放总量，工业污染源达标和重点城市的环境质量按功能区达标），实施重点抓好三河、三湖、"两控区"以及北京市和渤海污染防治工作的"33211"工程，对污染物强化总量控制并实施约束性目标管理，在 16 个城市开展大气污染物排放许可证制度，推行环境标志制度，出台《中华人民共和国清洁生产促进法》，出台应对气候变化国家方案等。与此同时，开始尝试引入市场型环境规制，如探索组织太原等 6 个重点城市实施排污权交易试点、先后在本溪和南通以及 5 省 2 市 1 集团实施二氧化硫排放交易试点、提高排污费标准、试点生态补偿与绿色信贷等。然而，由于存在机制设计不完善、法规不健全、政策执行性不高、环境市场发育程度较低等方面因素，这一阶段市场型环境规制的实施并不理想，政策之间经常存在一定冲突，各层次的环境治理主要还是依靠命令控制型环境规制进行。

三、突破提升阶段（2013 年至今）

党的十八大以来，中国环境保护战略步入新阶段。以习近平同志为核心的党中央高度重视生态文明建设和生态环境保护工作，举旗定向，以前所未有的力度抓生态文明建设，将生态文明建设纳入中国特色社会主义事业"五位一体"总体布局，将生态文明建设放在突出地位，要求将生态文明建设融入经济建设、政治建设、文化建设、社会建设各方面和全过程，将良好生态环境作为最普惠的民生福祉，坚持人与自然和谐共生，坚持美丽中国这一执政理念，实现中华民族永续发展，走向社会主义生态文明新时代。这是具有里程碑意义的科学论断和战略抉择，标志着中国共产党对中国特色社会主义规律认识的进一步深化，昭示着要从建设生态文明的战略高度来认识和解决中国环境问题，推动生态环境保护发生历史性、转折性、全局性变化。至此，中华民族走向生态文明新时代，人与自然开启和谐共生新篇章。

党的十八大以来，以习近平同志为核心的党中央从中华民族永续发展的高度出发，深刻把握生态文明建设在新时代中国特色社会主义事业中的重要地位和战略意义，大力推动生态文明理论创新、实践创新、制度创新，创造性地提出一系列新理念新思想新战略，形成了习近平生态文明思想。习近平生态文明思想是习近平新时代中国特色社会主义思想的重要组成部分，是马克思主义基本原理同中国生态文明建设实践相结合、同中华优秀传统生态文化相结合的重大成果，是以习近平同志为核心的党中央治国理政实践创新和理论创新在生态文明建设领域的集中体现，是新时代中国生态文明建设的根本遵循和行动指南。

2018年5月，全国生态环境保护大会明确提出"习近平生态文明思想"，并对推进新时代生态文明建设提出必须遵循的六项重要原则，这"六项原则"是习近平生态文明思想的精髓。即：①坚持人与自然和谐共生，坚持节约优先、保护优先、自然恢复为主的方针，像保护眼睛一样保护生态环境，像对待生命一样对待生态环境，让自然生态美景永驻人间，还自然以宁静、和谐、美丽。②绿水青山就是金山银山，贯彻创新、协调、绿色、开放、共享的发展理念，加快形成节约资源和保护环境的空间格局、产业结构、生产方式、生活方式，给自然生态留下休养生息的时间和空间。③良好生态环境是最普惠的民生福祉，坚持生态惠民、生态利民、生态为民，重点解决损害群众健康的突出环境问题，不断满足人民日益增长的优美生态环境需要。④山水林田湖草是生命共同体，要统筹兼顾、整体施策、多措并举，全方位、全地域、全过程开展生态文明建设。⑤用最严格制度最严密法治保护生态环境，加快制度创新，强化制度执行，让制度成为刚性的约束和不可触碰的高压线。⑥共谋全球生态文明建设，深度参与全球环境治理，形成世界环境保护和可持续发展的解决方案，引导应对气候变化国际合作。

2018 年 6 月,《中共中央 国务院关于全面加强生态环境保护 坚决打好污染防治攻坚战的意见》提出从"八个坚持"深入贯彻习近平生态文明思想。即:①坚持生态兴则文明兴。②坚持人与自然和谐共生。③坚持绿水青山就是金山银山。④坚持良好生态环境是最普惠的民生福祉。⑤坚持山水林田湖草是生命共同体。⑥坚持用最严格制度最严密法治保护生态环境。⑦坚持建设美丽中国全民行动。⑧坚持共谋全球生态文明建设。也就是在"六项原则"的基础上增加了"坚持生态兴则文明兴"和"坚持建设美丽中国全民行动"。

2023 年 7 月,习近平在全国生态环境保护大会上深刻阐述了新征程上推进生态文明建设需要处理好的五个重大关系,为进一步加强生态环境保护、推进生态文明建设提供了方向指引和根本遵循。即:①高质量发展和高水平保护的关系。②重点攻坚和协同治理的关系。③自然恢复和人工修复的关系。④外部约束和内生动力的关系。⑤"双碳"承诺和自主行动的关系。①

在突破提升阶段,中国所实施环境规制政策数量的不断增加,政策系统日趋复杂,不同类型政策之间的相互作用更加普遍,在一些行业事实上形成了以政策组合形式对生产进行环境规制的局面。

在命令控制型环境规制方面,中国政府相继颁布实施《大气污染防治行动计划》(简称"大气十条")、《水污染防治行动计划》(简称"水十条")、《土壤污染防治行动计划》(简称"土十条"),全力打好蓝天、碧水、净土保卫战;开展农村人居环境整治;进一步强化生态环保问责机制,大力推动绿色发展改革排污许可制度;推行企事业单位环境信息公开;创立实施生态红线管控,河湖长制、林长制全面落实;公布碳达峰碳中和国家目标,构建碳达峰碳中和"1+N"政策体系;进一步完善生态环境标准体系,现行有效国家生态环境标准 2357 项,现行依法备案地方强制性有效标准 249 项②,涉及生态环境质量标准、污染物排放标准、生态环境基础标准、生态环境风险管控标准、生态环境监测标准以及生态环境管理技术规范六类;以中央生态环境保护督察为代表的党委政府及其有关部门责任体系基本建立,形成了大环保格局。

在市场型环境规制方面,从 2011 年 10 月开始,北京、天津、上海、

---

① 资料来源:https://www.12371.cn/special/xxzd/hxnr/st/。

② 截至 2023 年 11 月 30 日。

重庆、湖北、广东、深圳、福建相继建立与运行区域碳市场，2021年7月，全国碳排放权交易市场上线交易启动；改革环境经济政策，推进建设绿色金融体系，探索引入排污权抵质押融资、绿色债券、绿色股票指数、绿色期货、绿色发展基金、绿色保险、碳金融等市场型工具；部署建立排污权有偿使用和交易制度试点工作，鼓励地方自行开展排污权交易，鼓励地方将国家五年规划中约束性指标以外的污染物结合实际纳入地方排污权交易。

总体而言，中国的环境规制政策经历了从单一到多样化的发展过程，从早期以命令控制型政策为主，逐步发展为目前的命令控制型政策与市场型政策并用。在政策演化方面，从总量为主向质量为核心、兼顾总量、防范风险转变，从行政区域为主向强化区域流域综合调控转变，从全面平推向突出重点、差异化施策转变，从小环保到管生产、管发展、管行业的必须管环保的大环保格局转变，从行政执法向执法、司法、社会信用、经济手段综合运用转变，着力构建党委负责、政府主导、企业主体、社会组织和公众共治的环境治理体系（吴舜泽等，2020）。随着所实施环境规制政策数量的不断增加，政策系统日趋复杂，不同类型政策之间的相互作用更加普遍，在一些行业事实上形成了以政策组合形式对生产进行环境规制的局面。

第二节　环境规制对亲环境生产行为的影响机理

一、概念界定

1. 环境规制

20世纪以来，特别是第二次世界大战以来，全球工业急速发展，人口激增，与此同时环境问题也日益凸显。生产者的环境问题具有显著的外部性特征，即生产者在生产的过程中对环境造成污染的成本并没有纳入其生产成本之中，而是由社会所有的人来共同承担，这部分成本称为外部成本。

环境问题的产生与外部性紧密相关：经济主体从事正外部性的经济活动而不能获得相应的利益补偿，积极性受挫；从事负外部性的经济活动不必为此付出相应的代价，社会承担损失导致外部负效应迅速扩展，环境污染不断加剧，生态环境遭到破坏。外部性问题是污染物排放的经济学本质。

作为经济系统中的个体，生产过程中产生污染物排放的活动属于私人行为。然而，由污染物排放所带来的负面影响则会波及所有的个体。私人决策没有考虑到由此产生的外部成本，此时的污染物排放所带来的边际社会成本高于边际私人成本，产生负外部性。外部性问题同样是污染物减排的经济学本质。生产者减排污染物所带来的收益能够由所有人共享，由此带来外部收益。当私人收益不包括该部分外部收益时，边际社会收益高于边际私人收益，产生正外部性。依据外部性理论，实行环境规制在经济学上是从污染物排放的负外部性转向污染物减排的正外部性。此过程中的关键是实现外部性的内部化（Aldy and Stavins，2012），才符合公平的原则，也才能进一步防止生产者对环境的污染。

环境规制也称为环境管制，属于公共规制中社会性规制的范畴，其实施过程会在增加一般公众的社会收益的同时提高污染者的生产成本，最终达到保护环境和实现经济发展的目标（王竹君，2019）。

对于环境规制含义的认知，学界经历了一个长期的过程。环境规制政策工具演变实际上是随人们对外部性的认识深化而不断演进的，具体表现为：对外部性的认识经由私人、社会成本的背离—产权界定不清晰—交易费用过高等不断深化的认识过程。庇古（Pigou）首先提出，政府可以通过征税来治理污染，即采用行政手段进行干预（Pigou，1920）。随后庇古将外部性理论系统化，后来其发展为新古典经济学的核心内容之一。科斯（Coase）进一步提出利用市场机制解决外部性内部化的方法（Coase，1960），自此外部性理论成为新制度经济学的重要组成部分。20世纪90年代以来，环境管理认证与审计、环境标志和生态标签等生产者主动的亲环境行为开始出现，进一步扩展了环境规制的含义。

根据环境规制政策的特点，可将其分为命令控制型环境规制、自愿型环境规制和市场型环境规制（Zhao et al.，2015；杨洪涛等，2018；张宁和张维洁，2019）。总体而言，中国使用的环境规制政策以命令控制型为主，市场型环境规制和自愿型环境规制为辅（陈诗一和陈登科，2018；Shen et al.，2019）。

命令控制型环境规制是指通过管理生产过程或物料的使用来限制特定污染物的排放，或在特定时间和区域内限制企业与环境相关活动的措施，包括排放标准、许可证、配额、使用限制等（Pan et al.，2019）。命令控制型环境规制简单而直接，通过设定明确具体的环境目标，便于政府部门进行监管与控制。现阶段此类制度广泛应用于多个国家。命令控制型政策具有权威性和强制性的特点，有着便于管理、执行力强等优势，但同时也存在着成本高、不够灵活、管理效率低下等缺点（Wang et al.，2011）。命令控制型政策规定了满足特定环境目标的过程和技术（Ford et al.，2014），因其强制性的特点，要求经济活动主体被动接受管制，限制了企业的行为和选择，导致企业积极性较低，缺乏内在动力和外在执行力，从而使政策效果不佳，不能从根本上解决环境问题。此外，命令控制型环境规制通常没有考虑企业之间巨大的成本差异，这可能会阻碍一些企业，特别是小型企业的创新活动（Hotte and Winer，2012）。

自愿型环境规制是指市场主体根据自身对于可持续发展的认识，自发开展的一系列在生产和生活中减少自然资源消耗与浪费、减少污染排放的环境保护行为，包括环境管理认证与审计、环境标志和生态标签等（Blackman et al.，2010；王红梅，2016）。

市场型环境规制是指政府利用市场信号推动企业行为，鼓励污染者降低污染水平的措施（Cheng et al.，2018），具体可分为创建市场和利用市场两种，前者包括排放权交易等，后者包括排污收费、环境税等（Cheng et al.，2018；Ren et al.，2018；刘晔和张训常，2018；Tang et al.，2019）。市场型环境规制通过环境经济手段，在排污者之间有效地分配污染排放削减量，以及治污项目投资等降低社会污染控制费用。市场型政策通过经济利益和灵活性提升企业的积极性、诱发企业创新。第一，相比命令控制型环境规制，市场型环境规制更加灵活：对规制管理单位而言可有明确数据显示规制目标是否达成，对被规制企业来说不但让规制成本最小化，同时创造经济诱因让被规制企业投入亲环境技术创新及研发，可以给予企业更多的自由选择合适的方法满足环境规制要求的同时使企业利益最大化（Caputo，2014）。第二，市场型环境规制采用经济激励措施，利用市场力量有效地分配资源，从而鼓励企业更好地利用其创新能力（Ramanathan et al.，2018），降低减排成本，实现节能减排目标。第三，市场型环境规制透明度更高，信息不对称性的弱化有助于提高公众对制度的信赖和认知。第四，以排放交易为例，排放交易的排放额度在受规范排放源之间转移，相较于命令控制型环境规制直接由政府执行来说，普遍对于排放交易的接受度较高，社会阻力较小。因此市场型环境规制可以促进环保技术创新、增强市场竞争力、降低环境治理成本与运行监控成本。

已有文献表明，不同类型环境规制的效果是不同的（Alesina and Passarelli，2014；Tang et al.，2020a）。实际上，由于不同类型的政策工具在监管的效率、成本、偏好和适用范围等方面存在显著差异，环境规制对创新的影响也表现出显著的政策异质性（de Miranda Ribeiro and

Kruglianskas，2015）。有学者认为命令控制型环境规制能够减少污染，但其对经济的促进作用要弱于市场型环境规制（Harrison et al.，2015；Pan et al.，2019），甚至在一定程度上会损害经济的增长（Shi et al.，2018；Shen et al.，2019）、抑制企业绿色创新（Tang et al.，2020b）。实际上，由于不同类型的环境规制在监管的效率、成本、偏好和适用范围等方面存在显著差异，环境规制对创新的影响也表现出显著的政策异质性（de Miranda Ribeiro and Kruglianskas，2015；Zhou et al.，2019）。现有研究主要侧重于利用区域和行业数据对单一环境规制政策进行评价和测度，缺乏利用微观层面企业数据对异质性环境规制政策组合及其影响方面的探讨。

2. 亲环境生产行为

亲环境意味着能够降低生态伤害、保护自然资源、提升环境质量（Jensen，2002；Ehrlich and Kennedy，2005）。亲环境行为，也称为"负责任的环境行为"、"生态行为"或"具有环境意义的行为"，强调主体主动参与、有意识减少个体行动对环境的负面影响（Kollmuss and Agyeman，2002；Gatersleben et al.，2002）。亲环境行为可以定义为依据环境科学知识，在社会中有意识地进行保护环境或改善环境的行为（Krajhanzl，2010），也可定义为有意识地最小化个体或组织对环境的负面影响及其表现（Kollmuss and Agyeman，2002）。

亲环境行为是一个复杂的动态过程（高瑛等，2017）。亲环境行为是行为主体根据自身对信息和知识的认知及社会环境所做出的一种理性选择，行为主体先认知到实施亲环境行为的价值，随即产生实施亲环境行为的意向，进而在活动中实施亲环境行为，从而产生一定的经济效应绩效、环境效应绩效和社会效应绩效（曹慧，2019）。

现阶段学界对于亲环境生产行为的定义尚未达成一致。国内研究者认为实现节能减排的最重要的途径就是对生产活动进行绿色化限制，因此很多学者把亲环境生产行为定义为节能减排的行为之一，认为亲环境生产行为的主要目的就是实现节能减排，是节能减排的重要组成部分（李健和刘帅，2019）。国外有学者认为亲环境生产行为依据行为目标可将其分为四类，即生产过程中减少对环境及其美学的破坏（如减少滥砍滥伐、避免排放废渣）、减少或避免产生影响人类健康的环境污染、减少或避免对自然资源的不可持续利用以及减少或避免生产对于自然生态系统的破坏（Krajhanzl，2010）。

二、命令控制型环境规制对亲环境生产行为的影响机理

命令控制型环境规制对亲环境生产行为的影响途径大致归为两类：一是通过颁布惩治性法规或行政处罚来威慑生产者的非亲环境行为，二是出台强制排污禁令和相关技术标准，但在监督和执行过程中存在较高的成本。

新古典学派理论认为，环境规制使生产者的遵循成本增加，生产者需要为其生产过程中的非亲环境因素付出代价。由于命令控制型环境规制具有强制性的特点，生产者被迫采取一定措施来满足规制的要求，这一过程就会产生额外的成本。如果生产者不遵循命令控制型环境规制的要求，不采取相应的措施，则面临着规制执行者的处罚，这往往也会增加生产者的总成本。此外，相较于其他类型的环境规制而言，命令控制型环境规制的政策影响时滞最短，在短期内对企业生产经营活动的冲击最强，这可能产生较高的遵循成本（李青原和肖泽华，2020）。因而，命令控制型环境规制存在通过成本压力影响生产者，从而诱发亲环境生产行为的路径。

依照波特假说，设计合理的环境规制有助于倒逼生产者的亲环境生产行为（如绿色创新），形成超过环境规制遵循成本的补偿性收益（Porter and van der Linde，1995）。生产者将亲环境生产行为的成果运用于生产过程，能够减少对原有非绿色生产方式的依赖，有效规避环境监管成本（李青原和肖泽华，2020），并激发生产者自身的积极性。虽然命令控制型环境规制增加了生产者的成本，减少了短期直接利润，但命令控制型环境规制也可能促使生产者积极反思自身可持续发展存在的不足，采取措施弥补内部治理机制的已有缺陷，克服组织惰性（Ambec and Barla，2002）。鉴于此，生产者不仅能实现亲环境生产行为的社会效益，而且可能生产出比竞争者更具有绿色差异化的产品，从而提升市场占有率，形成新的绿色竞争优势（Barney，1991）。在波特假说的"倒逼"效应理论框架下，生产者在环境规制压力和利益相关者对亲环境的诉求下，将亲环境、可持续的生产经营方案纳入其经营决策和战略规划，利益相关者也会更加积极地激励生产者开展亲环境生产行为，从而为生产者创造更加可持续的绿色价值，打造绿色竞争优势，实现环境保护与生产者竞争力提升的双赢局面。因此，命令控制型环境规制存在通过经济激励影响生产者，从而诱发亲环境生产行为的路径。

三、市场型环境规制对亲环境生产行为的影响机理

市场型环境规制政策大致分为"利用市场"和"建立市场"两类，前

者以庇古税理论为基础，包括排污税（费）、减排补贴等；后者基于科斯定理，即通过明晰环境资源产权建立排污许可证或排污权交易市场等。市场型环境规制让生产者拥有选择的自由，本质上是通过经济手段促使减排成本更低的排污主体多减排，从而可充分发挥异质性生产者在协调经济绩效和环境治理二者均衡发展的能动性。

与命令控制型环境规制类似，市场型环境规制也可能导致生产者的成本增加。例如，排污税（费）的目的是在一定程度上弥补生产者生产行为外部性所造成的社会成本，其也直接增加了生产者的规制成本。当然，与命令控制型环境规制相比，生产者面对市场型环境规制的选择更为灵活，在进行生产决策时把外部成本考虑进来，可以依据自身的边际减排成本情况做出多种选择，使边际私人成本和社会成本相一致，进而最大程度上优化生产行为，解决环境污染负外部性，提高资源配置效率，并且存在降低遵循成本、减少利润损失的可能性，最终有助于实现环境质量改善与经济发展协调目标。

市场型环境规制存在通过"创新补偿"效应影响生产者，从而诱发亲环境生产行为的路径。依照波特假说，"创新补偿"效应指的是生产者面对环境规制，为了维持其自身的利润水平、抑制由于出现遵循成本而上升的总成本，会积极增加绿色创新投入，提高研发效率，从而实现技术升级的现象。就短期而言，当要素市场黏性较大、市场发育尚不健全时，命令控制型环境规制对包括绿色技术创新在内的亲环境生产行为的倒逼作用更直接，"创新补偿"效应更明显；从长期来看，随着要素市场的不断完善，市场机制效率显著提高，市场型环境规制对生产者的生产经营活动影响更小，有助于倒逼生产者的亲环境生产行为（如绿色创新），形成超过环境规制遵循成本的"补偿性收益"，最终建构生产者"亲环境决策—技术升级—创新补偿"的良性循环。

之所以出现这样的差别，究其原因，在于市场型环境规制相较于命令控制型环境规制是一个更为灵活的机制。命令控制型环境规制的作用机制并不直接通过市场机制传导，而更多地体现为法律法规和行政力量对污染行为的直接性强制措施；市场型环境规制虽然可能也是通过政府出台相应的管制政策，但主要是通过市场价格机制对被规制者的决策行为进行干预，这样不但让环境治理的总成本最小化，同时还创造经济诱因让生产者投入绿色技术创新及研发，实现生产的可持续循环。

第三章　命令控制型环境规制对企业行为选择的影响

第一节　引　　言

大多数已有文献认为，政府实施严格的环境规制会引发企业进行技术创新、提高生产力和减少污染排放，由此形成了众多关于波特假说的探讨（Ramanathan et al.，2017；Qiu et al.，2018；Yuan and Xiang，2018；Mi et al.，2018；Wang et al.，2019b）。然而，这些讨论多关注具有完善市场体制和政府监管体制的国家，而忽略了转型经济国家在上述条件不完善的情况下可能存在的非生产性寻利活动。

20世纪90年代以来，随着社会和公众越来越多地关注可持续发展与环境保护，许多转型经济国家，如中国、越南和东欧各国，开始了对国内环境污染的治理。通过制定环境立法以及成立管理环境事务的政府机构，这些国家往往通过以非市场手段（包括法律法规、行政禁令和强制性许可证等）对环境资源利用和企业生产活动进行直接干预。然而这些国家的环境污染问题依旧严重，潜在原因之一就是其环境执法体制存在缺陷。

在转型经济国家，市场化不充分和政府监管体制不完善，导致其环境执法体制效率总体不高。市场化不充分使转型经济国家主要采取命令控制型环境规制手段，而不同于西方发达国家普遍流行的市场型环境规制和自愿型环境规制，这可能导致以政府行政力量控制的环境规制效率低下，也在一定程度上增加了企业通过寻租手段规避环境规制政策影响的动机（Blackman et al.，2018）。然而政府监管体制如果不完善，会使政府环保部门容易出现官僚主义和官员贪污受贿，导致环境保护法律无法有效执行，这为企业通过寻租手段贿赂政府官员规避环境规制提供了可能。因此在转型经济国家，企业应对政府环境规制的行为除了进行亲环境生产活动，可能还会存在寻租行为。

　　寻租行为是指经济主体通过向政府寻求行政权力的庇护以及政策约束的放宽，以此获得额外利益的活动，其具有"润滑剂"和"保护费"的双重功能（Xu et al.，2017）。在现实情况下，企业寻租的"润滑剂"功能可能使企业躲过环境规制带来的限制，如不受污染物排放约束指标的限制或者获得更多企业经营所需的经济资源。然而"保护费"功能则可以潜在地帮助企业躲避环境规制的处罚。因此，若企业认为实施寻租行为所付出的成本低于遵循政府环境规制的成本，将有足够的动机推动企业产生寻租行为，如游说政府（Campos and Giovannoni，2007）、聘请政府官员（Chen et al.，2011）、提供政治资助（Sun et al.，2012）或直接贿赂（Cai et al.，2011）等。已有文献证明，地区层面的腐败情况的确会加重污染情况（Ivanova，2011；Fredriksson and Neumayer，2016；Arminen and Menegaki，2019）。来自一些发展中国家的证据表明，腐败通过降低环境规制直接加剧了环境污染，导致污染物排放量的增加（Chen et al.，2018b）。来自跨国的证据也表明，腐败降低了环境规制强度，使国际直接投资增加（Zugravu-Soilita，2017）；若腐败程度较高，国际直接投资的增加会降低环境规制强度（Candau and Dienesch，2017）。然而，以上研究只是从宏观层面印证了寻租与环境规制二者之间存在关联的结论，以及仅是单一地讨论企业应对政府环境规制将采取亲环境生产行为（如绿色创新）或寻租行为。鲜有研究从企业层面证明环境规制将导致企业实施寻租行为。尚无研究考虑转型经济国家企业所实施寻租或创新混合行为。

　　为此，本章利用中国政府在 2011 年印发的《国家环境保护"十二五"规划》政策作为准自然实验。该条例以推进主要污染物减排、解决突出环境问题为主要目标，通过对重点地区、行业实施一系列命令控制型措施来实现污染的控制，能够充分视为政府对企业经营实施干预的环境规制政策。本章基于 2005~2017 年中国沪深 A 股上市公司样本数据，采用 DID 模型来检验政府环境规制政策的实施是否将促使企业采取寻租或绿色创新行为以进行应对。进一步，本章还讨论环境规制政策实施后，企业实施寻租或绿色创新行为的变动情况。研究发现，政府实施环境规制政策后，企业会同时实施寻租和绿色创新行为；其中，国有企业更愿意实施绿色创新行为，而民营企业则更可能实施寻租行为；企业高管具有政治经历也会加大实施寻租行为的程度；企业实施寻租或绿色创新行为不是同时期的，规制前期主要实施寻租行为，而在规制后期则是实施绿色创新行为；若企业存在既定的业绩目标约束，在环境规制导致的不确定性下，企业会加大实施寻租行为的程度，以避免环境规制政策对企业业绩的冲击；政府加大反腐力度，可以有效制约企业实施寻租行为，从而产生挤出效应提升企业实施绿色创新行为的程度。

本章的贡献在于两个方面。首先，将寻租和创新活动纳入同一分析框架进行实证分析，认为在转型经济国家企业可能分时期采取寻租或创新行为。这将有助于深入理解企业决策的行动逻辑，有利于丰富理解企业行为；其次，除采用传统超额管理费用和业务招待费外，还提出利用管理费用二级科目的咨询费进行衡量，为今后企业寻租测度拓展来源。

本章其余部分如下：第二节介绍制度背景和理论分析；第三节是研究设计，包括样本数据和变量说明，以及模型的设定；第四节是结果与讨论；第五节得出结论与启示。

第二节　制度背景和理论分析

一、制度背景

在过去二十年间，中国在创新方面取得了举世公认的成就。中国所实行的创新政策在数量、范围、广度方面有较大提升（Sun and Cao，2018）。20 世纪 90 年代后期到 21 世纪前几年，所实施的创新政策多注重新技术的引进，且依靠单一的政策架构来实施特定的技术项目。之后，中央和地方政府开始综合运用更丰富的财政、金融和税收政策工具来促进创新能力的提升，为企业的创新活动营造良好的外部环境（Howell，2016；Sun and Cao，2018）。国家也出台了一系列科技发展中、长期规划，旨在建立一个创新型国家。依据彭博（Bloomberg）创新国家报告的数据，在 2020 年，中国专利活动指数继续保持全球第二，整体创新指数上升到全球第 15 位；而在 2014 年，中国整体创新指数位居全球第 25 位。与此同时，中国企业在创新方面也取得了长足进步，专利数量以及研发支出快速增长（Rong et al.，2017；Wei et al.，2017）。

而中国环境监管制度框架还存在有待完善的地方，部分企业可能会选择进行寻租行为（如贿赂）。首先，地方政府官员的晋升标准曾经长期以辖区经济增长为代表，形成了"官员晋升竞标赛"机制，使地方官员追求辖区的地区生产总值高增长（Li and Zhou，2005），以提高晋升机会（Chen et al.，2017b）。这也使各地区曾经出现了"为增长而竞争"追求短期经济效益的行为,忽视了环保等民生问题(Pu and Fu,2018;Que et al.,2019)。已有研究也表明,环境保护投资支出和地方官员升迁概率显著负相关(Wu et al.,2014)。因此,地方官员可能存在这样的动机:默许本地企业经营存在污染的生产活动以追求经济的快速增长,从而形成对自身政治晋升有利的经济绩效。同时,收取企业的贿赂也在形式上给官员带来直接的非法经济利益。其次,环境监管的审批、督查和监测等权力较为集中,有效制约较为不足。在一些地方,环保有关项目的审批和验收往往是由同一个部门负责,权力的集中导致该部门的官员可能将权力进行寻租,帮助企业规避环保审查。此外,排污申报、排污许可证申请、排污费征收和行政处罚过程中环境保护部门都有较大的权力,存在一定的自由裁量空间,因此为企业实施寻租提供了对象。最后,为保证环境评估的公正合理,中国政府在企业项目建设审核中要求由第三方环境影响评估机构对其进行评估。然而在实践中,一些地方的某些机构却实际上是政府环保部门的下属或高度关联机构,因此难以实现独立评审的职能。

20世纪80年代开始,环境保护被纳入中国政府的经济和社会发展政策中。2005年之前大多强调环境保护的重要性,必要的实施纲要、技术标准以及监管目标还不够明确。"十一五"期间首次将污染物减排约束性目标加以明确,纳入"十一五"规划当中。然而,由于受到国际金融危机、循环因素以及缺乏独立监管机构等因素的影响(Kostka,2016),部分约束性目标的完成情况不尽如人意。

"十二五"期间(2011~2015年),环境保护被提升至前所未有的高度。环境规制的强度空前,环境质量约束性目标首次被纳入五年规划中,对于若干高污染行业设立了特定的行业规制目标。"十二五"规划明确要求,"非化石能源占一次能源消费比重达到11.4%。单位国内生产总值能源消耗降低16%,单位国内生产总值二氧化碳排放降低17%。主要污染物排放总量显著减少,化学需氧量、二氧化硫排放分别减少8%,氨氮、氮氧化物排放分别减少10%"。与"十一五"相比,"十二五"规划的环境治理指标增多,削减比例也更大。特别是随着减排潜力收窄,经济发展和资源能源消耗刚性增长仍将持续,实际完成的主要污染物减排量需要达到30%~40%以上。

2015年,全国化学需氧量、二氧化硫、氨氮、氮氧化物排放总量同比分别下降3.1%、5.8%、3.6%、10.9%,比2010年分别下降了12.9%、18%、13%、18.6%。"十二五"规划确定的环境约束性指标均如期完成。

二、研究假说

当环境规制力度不断加大时，限制使用污染技术或强制使用清洁技术会导致企业隐性排放成本过高，从而刺激企业实施创新行为（Perman et al.，2011）。选择创新可以帮助企业提升产品质量或降低污染排放从而满足政府环境规制的要求（Ramanathan et al.，2010），企业无须承担环境规制造成的罚金或产量缩减。此外，还可以获得创新成果转让的收益以及出售排污权带来的收益。因此当政府实施环境规制，企业将可能采取创新行为加以应对。

对转型经济国家而言，由于其还处在市场化不充分和政府监管体制不完善的阶段，以市场为基础的环境规制（包括排污税、补贴和可交易的许可证等）存在无法发挥有效作用的可能（Peng et al.，2018）。企业存在通过向官员寻租帮助避免行政管制对生产的约束以及规避污染的罚金，从而获得不正当的竞争优势和超额利润回报的动机（Wright，2008；Peneder，2017）。因此当政府实施环境规制时，企业将可能采取寻租行为应对。

值得注意的是，尽管严格的环境监管有可能促进企业创新，但企业实施创新需要额外增加研发投入。若政府未实施环境规制，则不需要支出该费用。企业采取寻租行为所付出的寻租租金，同样也是通过贿赂官员的方式来规避污染的罚金或负面影响。且在政府未实施环境规制政策的情况下也无须支付寻租租金。因此，从企业应对环境规制行为考虑，选择创新行为或寻租行为都可以帮助企业规避环境规制带来的负面影响。根据上述推断，本章提出假说1。

假说 1a：在转型经济国家，企业应对政府环境规制将采取寻租行为应对。

假说 1b：在转型经济国家，企业应对政府环境规制将采取创新行为应对。

假说 1c：在转型经济国家，企业应对政府环境规制实施寻租与创新行为均存在。

一般而言，企业实施寻租还是创新行为来应对环境规制需要从两方面考虑。一是所实施的行为能否规避环境规制带来的负面影响，二是选择的方式其成本是否更低。创新行为带来的经济效益具有一定滞后期（Hall，2011），政府实施环境规制的当期，企业即使采取创新行为也无法立马生产满足环境标准的产品。创新行为的收益无法当期补偿实施创新行为应对环境规制所产生的成本。随着环境规制政策的持续实施，市场关于相关创新产品资源供给增加，技术获取的难度降低，向消费者传递监管成本的难度增大（Lovely and Popp，2011），这使得从企业角度考虑实施创新行为来规避政府环境规制的成本下降。因此，在环境规制实施后期，实施创新行为对企业而言更为有利。对寻租行为而言，在环境规制实施的当期，企业通过寻租行为贿赂环境执法的官员以规避政府的监管处罚，即使企业生产活动违背了环境规制的要求，也无法给企业带来实质性的经济影响。随着环境规制政策的持续实施，官员腐败暴露的风险会随着时间推移而增加，这可能使官员选择逐渐增加寻租租金来弥补腐败暴露的风险，导致企业寻租成本不断增加（Zhou，2017）。这最终会促使企业采用创新行为来应对环境规制。综合上述讨论，提出假说 2。

假说 2：当政府实施环境规制时，为实现利润最大化，企业短期将选择寻租行为而长期将选择创新行为。

以下给出该假说的数理分析。

当企业遭遇政府实施环境规制时，企业需要考虑环境要素成本，因此企业目标函数发生改变，影响产品的价格和利润。导致当企业选择遵守环境规制时，将会付出额外的成本或损失 R。假设企业每单位产出将排放 1 单位的污染，政府对企业实施环境保护规制的强度为 P（$P \in [0,1]$），若政府不选择控制污染则 $P = 0$，反之政府若选择完全控制污染则 $P = 1$。当政府监管到位时，企业每单位产出排放的污染为 $1 - P$。对于企业而言，企业额外付出的规制成本将会随着政府环境规制强度的提高而增加，即满足：$R = R(P)$，且 $\dfrac{dR}{dP} > 0$ 和 $\dfrac{d^2R}{dP^2} > 0$。为简化起见，假设在同一个环境规制政策出台期间，政府所采取的环境规制强度是一致的，即 $R(P) = R'$。

企业是理性的，试图追求成本的最小化、利润的最大化。因此，企业将会通过采取其他措施降低额外成本或损失 R'，假设企业采取其他措施的概率为 γ，γ 依赖于额外成本 R' 的大小，且满足 $\gamma(R')$ 关于 R' 递增，$\dfrac{d\gamma}{dR'} > 0$ 和 $\dfrac{d^2\gamma}{dR'^2} > 0$ 以及 $\gamma(0) = 0$ 和 $\dfrac{d\gamma}{dR'}|R' = 0$。为简化起见，当企业采取其他措施降低额外成本或损失 R' 时，即视为获得遵循政府环境规制预期成本或损失以外的收益 W，但该行为是企业由于受到政府环境规制而被动实施的，因此本章假设企业通过其他行为获得的超额收益 W 小于额外成本 R'，即 $W \leqslant R'$。否则企业完全存在动机在政府未实施环境规制时采取该行为，从而获得更高的收益。

进一步地，当企业选择采取其他措施时，可能会有两种行为：寻租行为或者创新行为。选择寻租可以帮助企业避免行政管制对生产的约束以及规避污染的罚金，从而获得不正当的竞争优势和超额利润回报（Wright，2008）。因此，本章假设若企业实施寻租行为将会产生寻租的成本 X，但随着社会发展，监督体系不断完善，寻租成本 X 会随时间 t 的增加而提高，即 $X(t)$ 且 $\dfrac{\mathrm{d}X}{\mathrm{d}t} > 0$，$\dfrac{\mathrm{d}^2 X}{\mathrm{d}t^2} > 0$。选择创新则可以使企业提升产品质量或降低污染排放，从而满足政府环境规制的要求（Ramanathan et al.，2010），企业无须承担环境规制造成的产量缩减或罚金，并且还可以获得创新成果转让的收益以及出售排污权带来的收益。因此，假设企业实施创新行为将会产生创新所需要的研发投入或专利购置的成本，但企业可以通过模仿学习的方式降低自身创新成本，使相关市场的企业创新成本下降，创新成本 Z 将会随时间 t 的增加而下降，即 $Z(t)$ 且 $\dfrac{\mathrm{d}Z}{\mathrm{d}t} < 0$，$\dfrac{\mathrm{d}^2 Z}{\mathrm{d}t^2} > 0$。寻租或创新行为实施的程度即成本花费的大小，会影响获得预期成本或损失以外收益 W 的大小，因此 $W = W(X, Z)$，且满足 $\dfrac{\mathrm{d}W}{\mathrm{d}X} > 0$，$\dfrac{\mathrm{d}W}{\mathrm{d}Z} > 0$。同时，假设企业的生产产出为 Y，生产成本为 C，成本函数为 $C = C(Y)$，且满足 $\dfrac{\mathrm{d}C}{\mathrm{d}Y} > 0$。

将企业产品价格标准化为 1，企业通过实施寻租或创新行为使经济利润实现最大化，因此企业收入来源于正常生产的产出 Y 和采取其他措施获得的遵循政府环境规制预期成本或损失以外的收益 W。企业成本包含三类：第一，企业正常生产需要支付的成本 $C(Y)$；第二，企业采取其他措施，实施寻租行为产生的成本 $X(t)$；第三，企业采取其他措施，实施创新行为产生的成本 $Z(t)$。则企业的利润为 $\pi = Y + W(X, Z) - X(t) - Z(t) - C(Y)$。

寻租和创新行为是企业互斥的两种选择，同时假设企业会追求利润最大化，因此不存在寻租和创新投入均为 0，所以由上式可得 $\pi_1 = \pi(X, 0)$，$\pi_2 = \pi(0, Z)$，其中 π_1 为企业选择寻租行为的利润结果，Z 为 0，代表企业不投入创新行为。π_2 是企业选择创新行为的利润结果，X 为 0，代表企业不投入寻租行为。由于 $\dfrac{\mathrm{d}X}{\mathrm{d}t} > 0$ 且 $\dfrac{\mathrm{d}Z}{\mathrm{d}t} < 0$，以及 $\dfrac{\mathrm{d}W}{\mathrm{d}X} > 0$ 且 $\dfrac{\mathrm{d}W}{\mathrm{d}Z} > 0$，结合企业利润可得 $\dfrac{\mathrm{d}\pi}{\mathrm{d}Z} > \dfrac{\mathrm{d}\pi}{\mathrm{d}X}$。

考虑到企业创新行为带来的经济效应具有一定的滞后期（Hall，2011），而寻租行为则可以在短期内获得收益，在获得同等超额收益时，初期创新行为的成本将高于寻租行为，因此有 $\pi_1(X_{t_0}) > \pi_2(Z_{t_0})$。令 $\pi_1 = \pi_2$，可得 $\pi_2'(t) > 0$，结果如图 3-1 所示。

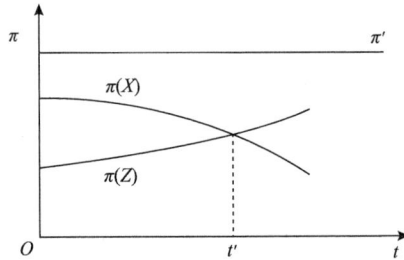

图 3-1　寻租和创新行为的利润最大化

由图 3-1 可知，企业在 t' 时期之前选择寻租行为将能够实现利润最大化，而在 t' 时期之后选择创新行为才可以实现利润最大化。由此，可以得到假说 2。

随着转型经济国家行政体系的不断完善，特别是近年来一些国家反腐行动逐渐加强，显著提升了官员腐败暴露的风险，对官员行为产生了约束作用（Ding et al.，2020），限制了官员自由裁量的权力（Reno，2008）。官员在权衡之下，会拒绝企业或个人的寻租行为，或者为降低腐败被发现的风险和针对腐败的惩罚进一步提高寻租租金。因此，企业最终将无法实施寻租行为或由于寻租成本过高而放弃实施寻租行为，转而进行创新行为。因此，提出假说 3。

假说 3：随着政府反腐力度的提升，企业将减少实施寻租行为，增加实施创新行为。

以下给出该假说的数理分析。

进一步地，企业选择寻租的成本可能与政府反腐力度有关，因此假设政府实施反腐败举措的强度为 m（$m \in [0,1]$），受反腐败程度的影响，企业实施寻租成本为 $mX(t)$，则当实施寻租行为时，企业的利润为 $\pi_1 = Y + W(X,0) - mX(t) - C(Y)$。

上式变形可得 $m = \dfrac{Y + W(X,0) - C(Y)}{X(t)} - \dfrac{\pi_1}{X(t)}$。从该式可知，$m$ 与 π_1 负相关，即随着反腐力度 m 的增大，企业实施寻租行为的利润将下降，因此结果可得图 3-2。

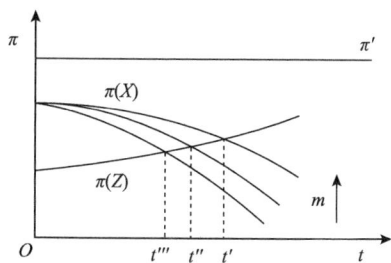

图 3-2　考虑政府反腐力度下寻租和创新行为的利润最大化

由图 3-2 可知，当政府反腐力度不断加强时，企业将减少实施寻租行为，使企业寻租与创新行为的交替期 t 提前，从而增加企业实施创新行为，由此可提出假说 3。

第三节　研　究　设　计

一、样本和数据

本章选取 2005~2017 年中国沪深 A 股上市公司作为研究样本。公司基本信息、高管信息及其财务数据来自国泰安数据服务中心，业绩预告数据来源于 Wind 数据库，公司专利数据来源于国家知识产权局。并且按照以下标准对部分公司进行剔除：①金融类行业会计准则与其他行业会计准则存在较大差异，因此部分指标在金融行业与非金融行业之间不具有可比性，为避免造成的偏误，故剔除金融行业的上市公司；②剔除存在数据缺失的公司；③为了避免异常值的干扰，借鉴 Majanga（2015）的做法对连续型变量进行排序并分别对 2%和 98%的分位数进行缩尾处理。

二、变量选取与处理

1. 环境规制

本章所选取的准自然实验政策为《国家环境保护"十二五"规划》。该规划由国务院于 2011 年 11 月出台，是"十二五"阶段（2011~2015 年）中需要实现的国家环境保护目标。本章所选择的准自然实验政策属于命令控制型环境规制，主要针对高污染行业，具体包括钢铁、有色、冶金、建材、化工、电力、煤炭、造纸、印染和制革行业。因此，相对于其他行业，高污染行业更有动机选择寻租行为，以避免行政管制对生产的约束以及规避污染罚金的惩罚，或者将选择创新行为以满足政府规制政策的具体标准。为识别这一冲击，本章借鉴 Cai 等（2016a）的做法，构建行业虚拟变量，对样本中属于高污染行业的公司作为处理组，记为 1，包括 267 家上市公司；其他行业公司作为对照组，记为 0，有 3300 家上市公司。此外，政策实施前后的环境规制强度也存在差异。本章选取政策的发布时间为 2011年 11 月，为保证政策的影响真实存在，将 2012 年确定为政策实施的初始年份。本章构建时间虚拟变量，2012 年以前年份均为政策实施之前，记为0；2012 年及以后年份均为政策实施之后，记为 1。

2. 寻租行为

从企业角度考虑，实施寻租行为具有一定的隐蔽性。因此，直接测度企业寻租行为的数据往往难以获取。Cai 等（2011）提出采用企业的业务招待费和差旅费支出之和作为度量企业贿赂性支出的指标。在中国会计准则中，企业业务招待费支出内容包括宴请、赠送纪念品、旅游参观及交通等众多名目的费用。这些费用的使用对象众多且目的复杂，在实际操作中可能存在作为企业贿赂政府官员支出的报销科目①。因此，按照业务招待费支出作为度量企业寻租行为的指标具有一定的合理性。

但需要考虑的是，企业高额业务招待费往往会引发社会的关注和批评，甚至成为政府反腐败的重要依据。这使得部分企业将本属于业务招待费的支出，转移至企业管理费用中，出现了业务招待费大幅下降但管理费用却同比上升的局面②。如果采用单一的方式测算，可能导致数据测量误差。因此，借鉴 Richardson（2006）的做法，通过估计该企业的个体特征及行业因素得出超额管理费用，以此作为企业寻租行为的代理变量，具体测算方法为

$$\text{OME}_{it} = \beta_0 + \beta_1 \ln \text{Sale}_{it} + \beta_2 \text{Lev}_{it} + \beta_3 \text{Grow}_{it} + \beta_4 \text{Nbd}_{it} + \beta_5 \text{Staf}_{it} + \beta_6 \text{Sj}_{it}$$
$$+ \beta_7 \text{Age}_{it} + \beta_8 \text{Magin}_{it} + \beta_9 \text{H5}_{it}$$

$$(3\text{-}1)$$

式（3-1）中，模型被解释变量 OME 表示管理费用与同期营业收入的

---

① 在现实案例中，某上市公司 2012 年的业务招待费占净利润的 11%，其高额的业务招待费就被曝出用于宴请政府官员高档场所消费及其他腐败行为。《人民日报》公开评论称"不能让业务招待费成为企业腐败的来源"。

② 根据新华网报道，天价招待费引发公众关注后，具有可比数据的 1331 家公司业务招待费下降 13.82%，但管理费用上升 11.35%。

比值。解释变量 lnSale 表示营业收入的自然对数；Lev 表示资产负债率，为上市公司负债总额除以资产总额的百分比；Grow 表示营业收入的增长率，由本期营业收入减去上期营业收入再除以上期营业收入计算得出；Nbd 表示董事会规模；Staf 表示员工数量；Sj 表示公司审计是否为国际会计师事务所①；Age 表示上市年限；Magin 表示毛利率，由营业收入减去营业成本再除以营业收入得出；H5 表示股权集中度，即公司前五大股东的赫芬达尔-赫希曼指数（Herfindahl-Hirschman index），通过计算前五大股东的股权占比平方和得出（Barnea and Rubin，2010）。以上数据均来自国泰安数据服务中心。下标 i 表示个体上市公司；下标 t 表示时间。采用最小二乘法对模型回归后取得的残差项即为超额管理费用，记为 Rent，作为反映企业寻租行为的核心衡量指标。

3. 绿色创新行为

企业创新行为的测度可从投入和产出两个方面进行分析。投入层面多采取以研究与开发（Research and Development，R&D）（Seru，2014）、研发投入强度（Honoré et al.，2015）进行衡量，产出层面以公司全要素生产率（Ashraf et al.，2016）、专利数量（Dang and Motohashi，2015）和知识产权指数（Papageorgiadis and Sharma，2016）进行衡量。考虑到企业应对环境规制的要求，往往需要对生产过程或产品质量进行改进，而产出层面的专利情况能够直接影响企业的生产过程或产品质量，因此选择企业专利数量来衡量企业创新行为会更合理。需要注意的是，企业专利包含多种类目，企业专利数量的增加可能是政府创新补贴政策引起的，而并非本章选择的准自然实验政策——《国家环境保护"十二五"规划》所致。因此，本章特定选择环境规制政策所导致的企业绿色创新作为衡量指标。依照世界知识产权组织于 2010 年推出的国际专利分类（International Patent Classification，IPC）绿色清单，通过对比公司申请绿色专利的 IPC 号和 IPC 绿色清单分类号，识别出公司绿色专利数量，对其取自然对数，并将其记为 lnEpp，作为反映企业创新行为的核心衡量指标。公司专利数据信息来自国家知识产权局。

4. 控制变量

参考 Cai 等（2011）的研究，本章选取了公司层面的经济特征变量作

---

① 分别为普华永道、德勤、毕马威、安永。

为模型估计的控制变量。

（1）企业规模。企业规模将影响企业实施寻租或创新行为。大型企业更容易获得政府的补贴、扶持，甚至在破坏规则时也更容易得到容忍（Mitra and Webster，2008）。此外，规模越大的企业创新成功的概率越高，即相同投入能够获得更多的专利产出（Spithoven et al.，2013），因此，选取上市公司总资产规模自然对数（lnAsset）和员工人数自然对数（lnStaff）对企业规模进行衡量，数据来源于国泰安数据服务中心。

（2）企业成熟度。成立时间较长的企业将能够在当地形成更密切的关系网络，结识多层面及等级更高的中间人来帮助企业实施寻租行为。同时企业成立时间的长短将影响企业的创新意愿，企业成立时间越长，创新意愿越强烈（Wen et al.，2018）。因此，选取上市年限自然对数（lnAge）衡量企业成熟度，数据来源于国泰安数据服务中心。

（3）企业活力。企业净资产收益率越高意味着企业越具有活力。一般研究认为，越具有活力的企业越能够有机会做出行为改变，使企业开展寻租或创新行为（Hirshleifer et al.，2018）。因此，选取上市公司净资产收益率（Roe）衡量企业活力，该指标由上市公司净利润除以净资产得出，若企业不分配利润或合并时也可以等同于税后利润除以所有者权益，数据来源于国泰安数据服务中心。

（4）企业社会财富创造力。Qiao 等（2014）认为当企业为社会创造的价值大于其成本投入时，企业将拥有更强烈的创新意识。因此，采用企业市场价值和企业有形资产的比值的托宾 Q 值（TobinQ）（Bennouri et al.，2018）来衡量企业社会财富创造力，其数值越大表明企业创造的社会财富越多，数据来源于国泰安数据服务中心。

（5）企业信用评价。Colombo 等（2013）认为企业负债程度可以衡量市场投资者对企业的信任水平。从企业自身考虑，负债将支撑企业业务扩张和长期发展，能够为企业决策实施提供资金保障，企业可以利用负债进行寻租或创新行为。因此，选取资产负债率（Lev，负债除以总资产）和财务杠杆系数（Def，上市公司普通股每股收益变动率除以息税前利润变动率）来衡量企业信用评价，数据来源于国泰安数据服务中心。

（6）企业权力集中度。一般认为企业股权越集中，公司决策越激进，实行寻租行为或创新行为的意愿越坚决（Ali et al.，2014）。因此，采用上市公司第一大股东持股比例（TOP1）衡量企业权力集中度，数据来源于国泰安数据服务中心。

表 3-1 报告了变量的描述性统计情况。以超额管理费用衡量的企业寻

租行为程度的平均值为 0.0012，这表明企业超额管理费用与平均营业收入之比为 0.12%，意味着样本公司存在实施寻租行为。企业创新行为的平均值为 0.621，最小值为 0，最大值为 4.234，表明样本企业关于申请绿色专利存在较大差异。以上结果与 Cai 等（2011）的结论基本一致。

表 3-1　主要变量描述性统计值

变量	指标含义	平均值	标准差	最小值	最大值
Rent	企业寻租行为	0.001	0.068	−0.407	0.259
lnEpp	企业创新行为	0.621	1.124	0	4.234
lnAsset	总资产规模自然对数	9.476	0.554	8.404	10.917
lnStaff	员工人数自然对数	3.151	0.849	0	4.572
lnAge	上市年限自然对数	0.886	0.381	0	1.362
Roe	净资产收益率	0.063	0.111	−0.411	0.297
TobinQ	托宾 Q 值	2.046	1.972	0.027	9.244
Lev	资产负债率	0.456	0.221	0.068	0.959
Def	财务杠杆系数	1.251	1.017	0	5.736
TOP1	第一大股东持股比例	36.052%	15.201%	36.050%	71.080%

三、模型建立

为识别环境规制对企业行为决策的影响，本章利用《国家环境保护"十二五"规划》这一准自然实验政策，采取 DID 模型对比政策前后变动对处理组与对照组的影响效应之差，从而剥离可能同时作用在处理组与对照组的其他不可观测因素影响。本章设定关于环境规制对企业行为影响的 DID 模型为

$$Y_{ijrt} = \beta_0 + \beta_1(\text{Treat}_j \cdot \text{time}_t) + \beta_2 X_{ijrt} + \lambda_i + \nu_t + \delta_r \cdot \nu_t + \alpha_j \cdot \nu_t + \varepsilon_{ijrt}$$

$$(3\text{-}2)$$

式（3-2）中，下标 i、j、r、t 分别表示上市公司、上市公司所属行业、上市公司所属省份、年份；被解释变量 Y_{ijrt} 表示企业行为，分别为衡量企业寻租行为的超额管理费用（Rent）和衡量企业创新行为的绿色专利数量（lnEpp）。Treat_j 表示是否为污染行业的虚拟变量，若该上市公司经营业务属于政策管制行业范围则取值为 1，反之则取值为 0。变量 time_t 是

判别政策实施前后的虚拟变量，若年份为 2012 年及以后取值为 1，反之取值为 0。变量 X_{ijrt} 是前面所讨论的可能影响企业实施寻租行为或创新行为的一系列上市公司的经济特征变量。此外，模型引入了个体固定效应（λ_i）和时间固定效应（v_t），用以控制公司层面不随时间变化但可能影响公司行为的不可观测因素影响，以及控制国家层面对企业行为的影响（如经济周期或政治波动）。最后，模型引入了 $\delta_r \cdot v_t$，用以表示省份固定效应与时间固定效应的交乘项，来控制省份层面逐年变化的不可观测因素对企业选择寻租行为或创新行为的影响。引入了 $\alpha_j \cdot v_t$，用以表示行业固定效应与时间效应的交乘项，来控制行业层面逐年变化的不可观测因素对企业选择寻租行为或创新行为的影响。ε_{ijrt} 表示随机扰动项。

为阐释环境规制对实施寻租和创新行为随时间变化的演变趋势，本章引入变量 $\text{time}_k (k = 2012, 2013, \cdots, 2017)$，分别在政府环境政策实施的第 k 年取值为 1，其他年份则取值为 0。在式（3-2）的基础上与变量 Treat_j 构成交乘项，设定模型为

$$Y_{ijrt} = \beta_0 + \sum_{k=2012}^{2017} \beta_k (\text{Treat}_j \cdot \text{time}_k) + \beta_2 X_{ijrt} + \lambda_i + v_t + \delta_r \cdot v_t + \alpha_j \cdot v_t + \varepsilon_{ijrt}$$

$$(3-3)$$

式（3-3）中，β_k 表示 2012~2017 年的一系列估计值，逐年的系数大小的变化可以反映出政府实施环境规制后企业实施寻租或创新行为的变动趋势，而显著性水平则可以检验其是否具有统计意义。以本节为例，将政府实施环境规制的初始年份定于 2012 年，截至 2017 年将形成 6 个交乘项，来反映企业实施寻租或创新行为的逐年变动趋势。对比被解释变量 Y_{ijrt} 分别为衡量企业寻租行为的超额管理费用（Rent）和衡量企业创新行为的绿色专利数量（lnEpp）时，逐年交乘项的系数变动情况，就能够推断出环境规制实施的不同时期企业会如何选择寻租或创新行为。

为进一步识别政府反腐力度对环境规制下企业行为的影响，引入反腐败试点政策的地区虚拟变量 Province_r。以领导干部财产申报和公示制度的实施作为反映政府提升反腐力度的外生冲击，将政策率先实施的省份作为试点地区并将其记为 1，未实施的省份记为 0。再在式（3-3）的基础上构建 DDD 模型：

$$Y_{ijrt} = \beta_0 + \sum_{k=2012}^{2017} \beta_k (\text{Treat}_j \cdot \text{time}_k \cdot \text{Province}_r) + \beta_2 X_{ijrt} + \lambda_i + \nu_t + \delta_r \cdot \nu_t$$
$$+ \alpha_j \cdot \nu_t + \varepsilon_{ijrt}$$

$$(3\text{-}4)$$

式（3-4）中，若逐年交乘项 β_k 的系数显著为正，则表明在提升反腐败力度的省份，企业应对政府环境规制时，将会显著提高实施寻租或创新行为的程度。若系数显著为负，则意味着反腐败力度提升会降低企业实施寻租或创新行为的程度。

根据前面的假说讨论，本章预期当被解释变量 Y_{ijrt} 表示企业寻租行为的超额管理费用（Rent）时，逐年交乘项 β_k 的系数应显著为负。若为企业创新行为的绿色专利数量（lnEpp）时，由于政府反腐力度提升对企业实施寻租行为投入的挤出效应，逐年交乘项 β_k 的系数应显著为正。

第四节 结果与讨论

一、回归结果与分析

1. 环境规制对企业创新行为和寻租行为影响

表3-2展示了环境规制对企业寻租行为影响的估计结果，列（1）～列（3）为全样本估计的结果。列（1）在未纳入控制变量及各种固定效应的情况下，交乘项 $\text{Treat}_j \cdot \text{time}_t$ 的系数在1%的水平上显著为负。列（2）在回归模型中纳入控制变量及控制个体固定效应和时间固定效应后，交乘项 $\text{Treat}_j \cdot \text{time}_t$ 的系数在1%的水平上显著为正。列（3）进一步控制省份层面和行业层面逐年变化的不可观测因素，交乘项系数进一步增加并且在1%的水平上显著为正。从系数意义来看，列（3）交乘项 $\text{Treat}_j \cdot \text{time}_t$ 的系数为0.0096，这意味着政府实施环境规制政策将导致污染行业企业相比于非污染行业企业多支出0.0096个单位的超额管理费用，表明当地企业会显著增加寻租费用。如果以样本期上市公司平均营业收入77.59亿元计算，污染行业企业的平均寻租费用将比非污染行业企业多支出7449万元。

表 3-2　环境规制对企业寻租行为的影响

变量	（1）全样本 Rent	（2）全样本 Rent	（3）全样本 Rent	（4）国有企业 Rent	（5）民营企业 Rent	（6）具有政治经历 Rent	（7）不具有政治经历 Rent
$Treat_j$ ·$time_t$	−0.005 7***	0.006 9***	0.009 6***	0.004 8*	0.009 5***	0.010 3**	0.008 2***
	（−3.08）	（3.22）	（4.36）	（1.65）	（2.78）	（2.32）	（3.05）
lnAsset		−0.014 3***	−0.013 6***	−0.020 9***	−0.008 7***	−0.039 1***	−0.007 9***
		（−8.12）	（−7.52）	（−8.03）	（−3.40）	（−11.22）	（−3.53）
lnStaff		0.015 1***	0.014 7***	0.015 3***	0.014 4***	0.014 7***	0.014 6***
		（21.89）	（21.01）	（16.00）	（13.93）	（12.48）	（16.94）
lnAge		−0.048 4***	−0.043 9***	−0.039 6***	−0.038 9***	−0.044 2***	−0.046 0***
		（−17.66）	（−15.43）	（−5.08）	（−10.77）	（−10.01）	（−12.71）
Roe		0.106 0***	0.102 0***	0.070 4***	0.140 0***	0.103 0***	0.100 0***
		（29.85）	（28.20）	（14.67）	（25.09）	（15.04）	（23.16）
Tobin$Q$		−0.001 2***	−0.001 0***	−0.000 7	−0.001 2***	−0.002 3***	−0.000 4
		（−4.30）	（−3.61）	（−1.46）	（−3.50）	（−4.84）	（−1.39）
Lev		0.004 0***	0.004 1***	0.003 3***	0.005 9***	0.004 1***	0.003 8***
		（11.30）	（11.66）	（7.31）	（10.28）	（6.78）	（8.83）
Def		−0.025 0***	−0.029 1***	−0.033 5***	−0.027 8***	−0.023 2***	−0.022 8***
		（−8.42）	（−9.69）	（−7.75）	（−6.56）	（−4.10）	（−6.23）
TOP1		0.000 2***	0.000 1***	0.000 1	0.000 2**	−0.000 0	0.000 1
		（3.45）	（3.07）	（0.91）	（2.31）	（−0.43）	（1.26）
_cons	0.000 3	0.105 0***	0.118 0***	0.205 0***	0.054 3***	0.370 0***	0.065 8***
	（0.70）	（6.77）	（7.06）	（8.06）	（2.30）	（11.34）	（3.19）
个体固定效应	否	是	是	是	是	是	是
时间固定效应	否	是	是	是	是	是	是
省份–年份固定效应	否	否	是	是	是	是	是
行业–年份固定效应	否	否	是	是	是	是	是
N	28 263	24 862	23 985	10 222	13 763	6 240	17 610
R^2	0.000	0.024	0.532	0.516	0.554	0.682	0.523

注：括号内为双尾检验 T 值，经过公司层面聚类稳健标准误计算得出

*、**、***分别表示在10%、5%、1%的水平上显著

　　还值得考虑的是，在中国的商业环境中，如果企业本身或企业高管具有政治经历，将可以给企业带来许多益处，如增加政府扶持的机会（余明桂等，2010）、税收优惠和补贴（Adhikari et al.，2006；Wu et al.，2012）、更容易获得银行贷款（Li et al.，2008；Zhang et al.，2014a）、避免基层官员索贿（Li et al.，2006）。那么，企业政治背景的行政资源和企业高管政治经历的社交网络所带来的政治资本，是否将影响企业实施寻租行为的决策？列（4）为国有企业样本的估计结果，列（5）为民营企业样本的估计结果。对比发现，民营企业的交乘项 $Treat_j \cdot time_t$ 的系数高于国有企业样本，且国有企业样本交乘项的系数仅在10%水平下显著。表明当企业遭遇政府规制时，国有企业超额管理费用的支出低于民营企业。这可能是因为国有企业由政府控制，政府管理部门对经营业绩有多重考虑；且国企高管实施寻租行为属于腐败，将会受到纪律检查机关和政府监察部门的双重处理。因此从国有企业管理层考虑，企业在投资亏损的情况下仍然可能从银行获得贷款支持；而实施寻租行为会被定性为职务犯罪，将会撤销职务甚至入狱。这使得相对于民营企业，国有企业不倾向于采取寻租行为以获得规避带来的额外收益。

　　列（6）、列（7）考虑了企业高管是否具有政治经历。本章根据上市公司高管的简历内容，若该公司的董事长或总经理曾经担任政府官员、国家权力机关组成人员以及政府筹办的社会公共组织人员，则视该企业高管具有政治经历（Chen et al.，2011）。列（6）为企业高管具有政治经历的估计结果，而列（7）则是企业高管不具有政治经历的估计结果。对比二者 $Treat_j \cdot time_t$ 的系数可以发现，企业高管具有政治经历的上市公司的系数略高于企业高管不具有政治经历的上市公司，这意味着企业高管拥有政治经历将会增加企业的寻租费用支出。出现这一现象的可能原因是，不同于国有企业的政治背景能够直接影响资源分配或地方政府的态度，公司高管拥有政治经历可以扩充人脉资源，更易于实施有效的寻租行为（Hillman，2005）。因此企业高管具有政治经历增加了实施寻租行为的机会，提高了寻租费用的支出。

　　表3-3是环境规制对企业创新行为影响的估计结果。列（3）中交乘项 $Treat_j \cdot time_t$ 的系数在1%的水平上显著为正，其系数是0.1040。这表明，政府实施环境规制将会显著促进企业实施绿色创新。平均来看，污染行业的上市公司相对于非污染行业的上市公司绿色专利数量将会提升10.4%。

表 3-3　环境规制对企业创新行为的影响

变量	（1）全样本	（2）全样本	（3）全样本	（4）全样本	（5）剔除节能环保产业上市公司	（6）国有企业	（7）民营企业
	lnEpp	lnEpp	lnEpp	lnEpp	lnEpp	lnEpp	lnEpp
$Treat_j \cdot time_t$	0.470 0***	0.124 0***	0.104 0***	0.114 0***	0.102 0***	0.133 0***	0.037 4
	（15.69）	（5.06）	（4.10）	（4.58）	（4.05）	（3.77）	（1.02）
APEC				0.097 9***	0.101 0***	0.170 0***	0.051 0
				（3.37）	（3.44）	（3.40）	（1.42）
lnAsset		0.207 0***	0.205 0***	0.206 0***	0.170 0***	0.171 0***	0.177 0***
		（10.37）	（9.88）	（9.99）	（8.09）	（5.17）	（6.41）
lnStaff		−0.020 6***	−0.015 6*	−0.021 1***	−0.024 9***	−0.019 1	−0.028 0**
		（−2.63）	（−0.97）	（−2.62）	（−3.04）	（−1.59）	（−2.47）
lnAge		0.235 0***	0.145 0***	0.221 0***	0.207 0***	0.801 0***	0.231 0***
		（7.52）	（4.45）	（6.97）	（6.45）	（8.43）	（6.00）
Roe		−0.173 0***	−0.206 0***	−0.193 0***	−0.171 0***	−0.216 0***	−0.075 3
		（−4.29）	（−4.89）	（−4.63）	（−4.00）	（−3.56）	（−1.23）
TobinQ		−0.016 0***	−0.015 3***	−0.016 4***	−0.016 9***	−0.021 5***	−0.012 9***
		（−5.13）	（−4.73）	（−5.14）	（−5.27）	（−3.60）	（−3.38）
Lev		0.005 1	0.004 5	0.005 0	0.004 3	0.006 9	−0.000 9
		（1.27）	（1.08）	（1.20）	（1.00）	（1.19）	（−0.15）
Def		−0.018 5	−0.018 7	−0.018 6	0.017 1	−0.020 3	0.018 2
		（−0.55）	（−0.53）	（−0.54）	（0.48）	（−0.37）	（0.39）
TOP1		−0.002 1***	−0.002 0***	−0.002 1***	−0.001 4**	−0.000 9	−0.002 0**
		（−3.69）	（−3.36）	（−3.58）	（−2.44）	（−0.98）	（1.26）
_cons	0.598 0***	−1.604 0***	−1.289 0***	−1.340 0***	−1.040 0***	−1.815 0***	−1.029 0***
	（89.76）	（−9.08）	（−6.72）	（−7.05）	（−5.37）	（−5.67）	（−4.06）
个体固定效应	否	是	是	是	是	是	是
时间固定效应	否	是	是	是	是	是	是
省份-年份固定效应	否	否	是	是	是	是	是

续表

变量	(1)	(2)	(3)	(4)	(5)	(6)	(7)
	全样本	全样本	全样本	全样本	剔除节能环保产业上市公司	国有企业	民营企业
	lnEpp	lnEpp	lnEpp	lnEpp	lnEpp	lnEpp	lnEpp
行业-年份固定效应	否	否	是	是	是	是	是
N	29 763	24 864	23 987	23 987	22 438	9 374	13 064
R^2	0.008	0.016	0.760	0.758	0.751	0.742	0.761

注：括号内为双尾检验 T 值，经过公司层面聚类稳健标准误计算得出。列（6）和列（7）分析样本均剔除了受节能环保产业政策影响的上市公司

*、**、***分别表示在10%、5%、1%的水平上显著

进一步地，考虑样本期内中国政府举办的亚太经济合作组织（Asia-Pacific Economic Cooperation，APEC）会议（2014年）对估计结果造成的影响。受 APEC 会议影响，中国部分城市具有污染性质的企业将停产或限产，导致企业生产效率下降。列（4）中纳入受 APEC 会议影响城市的虚拟变量以控制 APEC 会议事件带来的冲击，结果表明交乘项 $Treat_j \cdot time_t$ 的系数依旧在 1%的水平上显著，且系数大于列（3），这表明此前估计结果被低估。

此外，样本期内中国政府发布了《国务院关于加快发展节能环保产业的意见》[①]。该意见的目的是加快发展节能环保产业，推动产业升级和发展方式转变，以推广节能环保产品和实施政策激励，实现节能环保产业发展水平全面提升。该意见将鼓励企业实施绿色创新行为，使此前估计结果可能存在偏误。因此本章为排除该意见的影响，将估计样本剔除了公司业务属于《国务院关于加快发展节能环保产业的意见》鼓励产业的上市公司。列（5）报告了回归结果，其估计结果交乘项 $Treat_j \cdot time_t$ 的系数在 1%的水平上显著为正，意味着剔除其他政策的偏误影响，本章选取的政府规制政策能够显著促进企业的创新行为。列（6）、列（7）为企业政治背景对企业实施绿色创新行为的影响，列（6）为国有企业样本估计结果，列（7）为民营企业样本估计结果。对比二者的结果可以发现，国有企业交乘项 $Treat_j \cdot time_t$ 的系数在 1%的水平上显著为正，而民营企业的交乘项系数不

[①] 《国务院关于加快发展节能环保产业的意见》于 2013 年发布，提出将加快节能技术装备升级换代、提升环保技术装备水平、发展资源循环利用技术装备和壮大节能环保服务业。

显著。这表明面对环境规制，国有企业将会增加绿色创新行为，而对民营企业的绿色创新行为没有显著影响。另外结合表 3-2 企业政治背景对寻租行为的影响结论，可以发现当面临环境规制时，国有企业将更愿意实施绿色创新行为，而民营企业更愿意实施寻租行为。

综合上述讨论，本章的假说 1 得到部分验证，并得出以下结论：当政府实施环境规制时，①企业会显著增加实施寻租行为；②国有企业也会增加实施绿色创新行为来应对环境规制；③国有企业将更愿意实施绿色创新行为，而民营企业更愿意实施寻租行为。

2. 企业寻租和绿色创新行为的演变趋势

前面的估计结果表明，从平均效应来看，环境规制政策能够促使企业实施寻租行为以及绿色创新行为。那么企业实施寻租和绿色创新行为的演变趋势又如何？为回答此问题，本章估计了政府规制对企业行为的逐年动态效应，估计结果见表 3-4。列（1）是环境规制对企业寻租行为的逐年影响，从解释变量逐年系数的结果来看，系数均为正，呈现的总体趋势是先增加后降低的倒 "U" 形，系数在政策实施后的第三年即 2014 年数值最大。这表明环境规制在政策前期会导致企业逐渐增加实施寻租行为，但到政策后期该影响会逐渐降低。

表 3-4　环境规制对企业行为的逐年影响

变量	（1）	（2）业绩预告交互影响	（3）	（4）反腐的交互影响	（5）反腐的交互影响	（6）公示的交互影响	（7）公示的交互影响
	Rent	Rent	lnEpp	Rent	lnEpp	Rent	lnEpp
2012	0.006 5*	0.003 9***	0.049 8	−0.025 3**	0.079 5	0.014 8	0.104 0
	(1.78)	(2.92)	(1.13)	(−2.23)	(0.54)	(1.24)	(1.02)
2013	0.005 8	0.000 4	0.081 8*	−0.016 4*	0.134 0	0.010 7	0.191 0
	(1.58)	(0.39)	(1.84)	(−1.68)	(1.04)	(0.90)	(1.33)
2014	0.011 6***	0.001 7**	0.097 9**	−0.007 4	0.224 0*	0.009 6	0.034 5
	(3.21)	(2.12)	(2.23)	(−0.73)	(1.67)	(0.82)	(0.24)
2015	0.010 7***	0.001 3*	0.114 0**	−0.017 4**	0.304 0**	−0.006 5	0.133 0
	(2.92)	(1.70)	(2.54)	(−1.92)	(2.55)	(−0.56)	(0.94)

续表

变量	(1)	(2) 业绩预告交互影响	(3)	(4) 反腐的交互影响	(5) 反腐的交互影响	(6) 公示的交互影响	(7) 公示的交互影响
	Rent	Rent	lnEpp	Rent	lnEpp	Rent	lnEpp
2016	0.006 8*	0.000 2	0.108 0**	−0.018 4**	0.235 0*	−0.017 8	0.145 0
	(1.92)	(0.11)	(2.40)	(−1.87)	(1.84)	(−1.54)	(1.04)
2017	0.002 2	−0.000 2	0.131 0***			0.000 4	0.292 0**
	(0.63)	(−0.04)	(2.92)			(0.04)	(2.10)
_cons	0.124 0***	0.330 0***	−1.021 0***	0.081 2***	−1.040 0***	0.124 0***	−1.022 0***
	(8.36)	(13.82)	(−5.60)	(4.83)	(−5.37)	(8.37)	(−5.61)
控制变量	是	是	是	是	是	是	是
个体固定效应	是	是	是	是	是	是	是
时间固定效应	是	是	是	是	是	是	是
省份-年份固定效应	是	是	是	是	是	是	是
行业-年份固定效应	是	是	是	是	是	是	是
N	27 139	10 266	25 436	21 318	19 961	27 139	25 436
R^2	0.531	0.622	0.754	0.594	0.780	0.531	0.754

注：括号内为双尾检验 T 值，经过公司层面聚类稳健标准误计算得出。解释变量是 β_k 的逐年政策效应。被解释变量 lnEpp 的回归均控制了 APEC 会议的影响和剔除了受节能环保产业政策影响的上市公司

*、**、***分别表示在10%、5%、1%的水平上显著

值得考虑的是，企业实施寻租行为的动机是为了不受生产约束指标的限制、获得更多企业所需的经济资源以及帮助企业规避税收或免除罚款，根本目的还是提高企业经营绩效。那么如果企业对经营业绩有既定目标或者约束，是否将促使公司经营者实施寻租行为以避免政府规制对企业经营业绩的负面冲击？本章选取的样本对象是上市公司，公司发展需要满足资本市场的偏好，因此会提前披露公司的业绩情况，从而减少公司经营者与外部利益相关者之间的信息不对称，而这属于上市公司的预测性财务信息（Leuz and Wysocki，2016）。优良的业绩预告可以增强投资者的投资信心，提高上市公司的市场价值。然而，如果业绩预告出现偏差，即原本公司业

绩预告盈利但之后实际报告为亏损,这将导致公司股价出现巨大波动并造成损失。因此,公布优良目标业绩的企业为了避免规制政策对企业业绩的冲击,相对于没有业绩约束压力的企业,将更可能通过寻租的方式降低环境规制的影响。

为此,本章根据样本上市公司发布的业绩预告内容设置了一个新的虚拟变量。若上市公司发布的年度业绩预告为盈利则记为 1,亏损则记为 0,并且和逐年政策影响的变量形成交乘项,从而探究公司业绩是否会对企业的寻租行为产生影响。列(2)报告了估计结果,结果发现上市公司业绩预告和逐年政策冲击的交乘项在政策实施的第一年、第三年和第四年都显著为正,这表明具有业绩预告为盈利目标的上市公司将提高寻租行为的实施程度。从系数大小来看,政策实施的第一年系数值最大为 0.0039,表明受政策冲击业绩预告为盈利的污染行业上市公司与亏损的污染行业上市公司相比,前者多增加使用 0.0039 超额管理费用,相当于平均 0.3 亿元人民币。政策实施第一年系数最大,原因是政府环境规制政策实施导致的不确定性,所以上市公司发布业绩预告并未考虑政策冲击的影响,在政策实施后更迫切通过寻租行为降低环境规制对企业业绩的负面影响。

列(3)是环境规制对企业创新行为的逐年影响,所有年份的系数均为正,且系数值总体是增加的,并且在 2017 年系数达到最大。这表明环境规制对企业创新行为的影响将随着政策的持续实施而逐渐增加。通过比较列(1)和列(3)环境规制对企业寻租与绿色创新行为影响的动态变化,发现环境规制在政策实施前期将显著增加企业寻租行为,而在后期则将显著推动企业实施绿色创新行为。这同样也可以说明,当企业遭遇政府环境规制,前期将实施寻租行为,而后期将转变实施绿色创新行为,假说 2 内容得到验证,假说成立。

3. 反腐政策的效应

为了验证假说 3,政府提升反腐力度将减少企业实施寻租行为,增加实施创新行为。本章借鉴 Xu 和 Yano(2017)的做法,以各省每万人公职人员职务犯罪数来衡量地区反腐力度,并且将其和逐年政策影响的变量形成交乘项,以检验政府反腐力度对企业寻租和绿色创新行为的影响。表 3-4 中列(4)和列(5)分别是对企业寻租行为与绿色创新行为的影响。未有 2017 年地区反腐力度的数据,因此只报告了 2012~2016 年的结果。从列(4)结果来看,解释变量逐年的系数均为负且基本显著,这表明反腐力度越大的地区,其辖区内企业越将减少实施寻租行为。从列(5)的结果来看,解释变量逐年的系数均为正且基本显著，这表明反腐力度越大的地区，企业越将增加实施绿色创新行为。

以上讨论结果表明，受政府反腐力度的影响，提升地区反腐力度将减少企业实施寻租行为，增加企业实施创新行为。衡量地区反腐力度的变量存在难以区分数值变化是反腐力度变化还是腐败程度变化所导致，本章选择2014年发布的《领导干部财产申报和公示制度》作为反映政府提升反腐力度的指标，表明公示政府官员的财产将能够降低官员腐败程度。制度率先实施的广东省、云南省和陕西省为反映地区反腐力度的差别提供了很好的观察指标。对此，本章构建了一个虚拟变量，若为率先实施政策省份的上市公司则记为1，反之则记为0。通过和逐年政策影响的变量形成交乘项，进一步提供政府反腐力度对企业遭遇政府规制时实施寻租和绿色创新行为产生影响的证据。列（6）和列（7）分别列示了对企业寻租行为与绿色创新行为的影响。从列（6）的结果来看，在公示制度实施之前，核心解释变量系数均为正，而政策实施后系数却变为负，虽然系数不显著，但系数正负的变化同样表明实施公示制度省份的上市公司将减少实施寻租行为。从列（7）估计结果来看，公示制度实施后的第三年即2017年显著为正，这表明实施公示制度的省份将显著增加创新行为。基于列（6）和列（7）的对比分析，可以证明当政府提升反腐力度时，将减少企业实施寻租行为并形成挤出效应，从而增加企业实施绿色创新行为的程度。因此，假说3内容得到验证，假说成立。

二、稳健性检验

1. 反事实检验

政策实施之后的时间段很可能包含其他事件冲击或不可观察因素的影响，这些其他因素作用可能对估计结果产生影响。为此，本章采用反事实检验的方法来排除这样的可能。具体设计是，将政策冲击的时间段调整至真实事件发生之前，即重新确定政策实施后的年份2009~2011年。若核心解释变量交乘项的系数不显著，则表明前面系数显著的结果是政策所致，意味着的确是环境规制才导致企业实施寻租或创新行为的变化。表3-5列（1）和列（2）报告了虚假政策时间的反事实检验结果，核心解释变量交乘项 $Treat_j \cdot time_t$ 的系数均不显著，表明前面估计结果不是统计的偶然。

表 3-5　　稳健性检验：反事实检验与安慰剂检验

变量	（1）	（2）	（3）	（4）	（5）
	反事实检验		安慰剂检验		
	Rent	lnEpp	lnInvest	Rent	lnEpp
$\text{Treat}_j \cdot \text{time}_t$	0.004 6	−0.030 4	0.006 0	−0.000 2	0.001 0
	(1.37)	(−1.04)	(0.82)	(0.571)	(0.858)
_cons	0.285 0***	−1.816 0***	21.736 0***		
	(8.57)	(−6.33)	(391.95)		
控制变量	是	是	是	是	是
个体固定效应	是	是	是	是	是
时间固定效应	是	是	是	是	是
省份-年份固定效应	是	是	是		
行业-年份固定效应	是	是	是		
N	11 013	10 269	23 987		
R^2	0.500	0.768	0.113		

注：括号内为双尾检验 T 值，经过公司层面聚类稳健标准误计算得出。被解释变量 lnEpp 的回归均控制了 APEC 会议的影响和剔除了受节能环保产业政策影响的上市公司。列（4）与列（5）的交乘项 $\text{Treat}_j \cdot \text{time}_t$ 系数是 500 次随机抽样再估计结果的算术平均值，列（4）与列（5）括号内为 T 值调整后的 P 值

***表示在 1% 的水平上显著

　　除虚假政策时间外，本章再次构建了虚假结果的影响，选取了一个并不会受准自然实验政策影响的被解释变量。若交乘项 $\text{Treat}_j \cdot \text{time}_t$ 系数显著，则表明本章选择的政策冲击可能存在其他因素的影响，有可能是同时间段某个政策对前面结果的作用，而并非政府环境规制政策导致的影响。若系数不显著，则意味着并没有其他同时间某个政策的影响，前面结果是由政府环境规制所致。因此，本章选取了上市公司单位资产的投资收益作为虚假结果影响的变量，记作 lnInvest。选取单位化后的投资收益作为虚假结果影响变量的原因是，投资收益科目包括企业对外投资取得的股利收入、债券利息收入以及与其他单位联营所分得的利润等，本节选取的准自然实验政策属于政府环境保护的范畴，对企业的投资活动没有直接的因果影响。估计结果见列（3），交乘项 $\text{Treat}_j \cdot \text{time}_t$ 系数并不显著，这表明本章选取的准自然实验政策代表的政府环境规制行为冲击是干净的，证明了前面的

结论稳健有效。

2. 安慰剂检验

为进一步检验环境规制对企业行为影响的真实性，本章借鉴 Cai 等（2016a）的做法，通过随机分配处理组与对照组样本进行安慰剂检验。在 3567 家上市公司样本中随机抽取 267 家上市公司作为处理组，其余 3300 家上市公司作为对照组。若出现大量抽取的平均结果是显著的，则表明本章的基准回归结果是有偏差的。本章进行了 500 次的随机抽样再估计，估计模型是基准回归中最严格的模型设定，如式（3-2）所示。表 3-5 列（4）和列（5）报告了估计结果。结果显示，交乘项 $Treat_j \cdot time_t$ 的系数接近于 0，P 值远大于 0.1。经过安慰剂检验的分析，证明正是政府规制行为才使企业寻租和创新行为出现变化。

3. 更换被解释变量

本章衡量企业寻租行为的超额管理费是通过回归模型后的残差值得出，变量的测量结果可能存在一定的误差。考虑到中国背景下的企业寻租方式可能会依托违规吃喝，因此上市公司通常会在管理费用科目的二级科目中寻找名目相近的科目记账。本章借鉴现有研究做法，对与企业寻租支出高度相关的管理费用二级科目如业务招待费、办公费、差旅费、交通费、会议费、培训费和通信费等科目进行手工搜查（Cai et al., 2011），确定企业的寻租费用支出情况，再将企业员工人数单位化得到人均寻租费用，将其记为 Rent_Ett，并取其自然对数进行估计。表 3-6 的列（1）报告了估计结果，其结果与前面保持一致，环境规制前期将增加企业实施寻租行为。

表 3-6　稳健性检验：更换被解释变量与 PSM-DID 估计

变量	（1）	（2）	（3）	（4）	（5）	（6）
	更换被解释变量			PSM-DID		
	lnRent_Ett	lnRent_Cfe	Epp_LP	Epp_GMM	Rent	lnEpp
2012	0.367 0**	0.262 0**	−0.072 7**	0.063 5	0.006 8*	0.066 3
	(2.11)	(2.01)	(−2.02)	(0.90)	(1.76)	(1.43)
2013	0.345 0**	0.355 0***	−0.024 5	0.106 0	0.008 1**	0.082 1
	(1.97)	(3.16)	(−0.68)	(1.50)	(2.09)	(1.53)
2014	0.417 0**	0.302 0**	−0.012 5	0.115 0	0.012 3***	0.108 0**
	(2.40)	(2.30)	(−0.34)	(1.61)	(3.16)	(2.34)

续表

变量	（1）	（2）	（3）	（4）	（5）	（6）
	更换被解释变量			PSM-DID		
	lnRent_Ett	lnRent_Cfe	Epp_LP	Epp_GMM	Rent	lnEpp
2015	0.207 0	0.156 0*	0.033 7	0.150 0**	0.011 2***	0.120 0***
	(1.18)	(1.76)	(0.92)	(2.09)	(2.88)	(2.59)
2016	0.161 0	0.002 3	0.068 2*	0.167 0**	0.008 3**	0.125 0***
	(0.93)	(0.01)	(1.85)	(2.32)	(2.14)	(2.70)
2017	0.176 0	0.093 0	0.083 5**	0.209 0***	0.001 7	0.156 0***
	(1.01)	(0.81)	(2.26)	(2.90)	(0.45)	(3.38)
_cons	−2.511 0***	−0.147 0	−0.227 0	−4.859 0***	−1.040 0***	−1.219 0***
	(−2.80)	(−0.08)	(−1.49)	(−16.60)	(−5.37)	(−6.27)
控制变量	是	是	是	是	是	是
个体固定效应	是	是	是	是	是	是
时间固定效应	是	是	是	是	是	是
省份-年份固定效应	是	是	是	是	是	是
行业-年份固定效应	是	是	是	是	是	是
N	17 291	7 203	25 328	25 436	23 147	21 647
R^2	0.261	0.326	0.849	0.626	0.529	0.746

注：括号内为双尾检验 T 值，经过公司层面聚类稳健标准误计算得出。解释变量是 $\sum_{k=2012}^{2017}\beta_k(\text{Treat}_j \cdot \text{time}_t^k)$ 的逐年政策效应。被解释变量 lnEpp 的回归均控制了 APEC 会议的影响和剔除了受节能环保产业政策影响的上市公司

*、**、***分别表示在 10%、5%、1%的水平上显著

企业采取请吃的手段，是维护官员关系的方式之一，但也在一定程度上属于官员收受贿赂的方式。一些企业通过以咨询、顾问的名义向特定对象长期发放咨询顾问费用，涉嫌以合理的名义输送非法利益。因此本章将管理费用二级科目中的"咨询费、顾问费和专家费"等科目进行手工搜查，同样，对其进行单位化处理，并将其记为 Rent_Cfe，再取其自然对数，列（2）的估计结果依旧表明本章结论稳健。

从产出层面衡量企业绿色创新，除了专利数量外，还包括全要素生产

率。因此本节采用企业全要素生产率来衡量企业创新行为。测算企业全要素生产率时，半参数估计的奥利-帕克斯（Olley-Pakes，OP）方法和莱文索恩-佩特林（Levinsohn-Petrin，LP）方法被众多学者所采用。OP方法需要满足投资和生产率之间单调递增的条件，这意味着投资额为0的企业将不能被估计，因此对LP法进行了改进，不再以投资额作为代理变量而是以中间品投入作为代理变量，这样就解决了这一问题（Levinsohn and Petrin，2003）。基于此，本章采用LP方法测度企业全要素生产率，并进行Ackerberg-Caves-Frazer（ACF）修正以解决估计系数之间存在的严重共线性问题（Ackerberg et al.，2015）。列（3）报告了估计结果，环境规制政策实施后的前几年系数为负，表明环境规制政策对企业全要素生产率产生了负向影响，但负向影响呈递减趋势。到政策实施后的第四年系数变为正，之后系数呈递增趋势。这表明，环境规制实施前期对企业全要素生产率产生负面冲击，但随着时间增加，负面效应不断降低并转变为正向影响，实施后期将提升企业全要素生产率。

Wooldridge（2009）在OP方法和LP方法的基础上提出了基于广义矩估计（generalized method of moments，GMM）的一步估计法，能够解决ACF修正的问题，在序列相关和异方差存在情况下可以得到稳健标准误。为此，本章再次采用GMM方法估计出的企业全要素生产率进行稳健性检验，列（4）估计结果显示环境规制实施前期并未对企业全要素生产率造成负面影响，但估计系数大小呈递增趋势，系数在环境规制实施后期显著为正。以上结果表明，环境规制实施后期污染行业企业相比于非污染行业企业其全要素生产率得到显著提升，意味着企业在环境规制实施后期将增加创新行为，证明前面的结论稳健。

4. PSM-DID估计

样本上市公司发展情况存在较大差异，直接对处理组和对照组进行分析可能导致估计结果出现偏误。因此本章借鉴Smith和Todd（2005）的方法，将DID和倾向得分匹配法相结合进行估计。在估计政策效应之前为处理组上市公司匹配相似的对照组上市公司，避免样本差异过大导致的样本偏差问题，保证政策效应估计结果的准确。为保证匹配效果良好，本章选择政策实施的前一年即2011年进行匹配，匹配方法采用半径匹配法，设定半径为0.001。匹配后处理组和对照组匹配变量均无显著差异，各匹配变量标准偏差的绝对值均小于20，表示匹配效果良好，各匹配平衡性假定检验指标通过检验。匹配后处理组220家上市公司和对照组1894家上市公司，共 2114 家上市公司进入分析样本。之后再进行 DID 估计，结果见表 3-6 的列（5）与列（6），估计结果和前面结论基本一致，这表明更改估计方法不会影响本章的结论。

第五节　结论与启示

在转型经济国家，市场化不充分和政府监管体制不完善，企业应对政府环境规制，除采取亲环境生产行为（如绿色创新）外，还可能采取寻租行为。本章验证了环境规制对企业实施寻租或创新行为的影响，利用《国家环境保护"十二五"规划》出台后政府环境规制强度增加的外生冲击，并在回归模型中控制许多潜在干扰因素的影响，包括遗漏变量、中国举办 APEC 会议和环保产业激励政策等，最后通过一系列稳健性检验方法提高结论的可靠性。

研究结果发现：政府规制将促使企业增加寻租行为或绿色创新行为予以应对，民营企业更愿意采取寻租行为，而国有企业更愿意采取绿色创新行为；企业高管拥有政治经历将增加寻租行为实施程度；当企业遭遇政府规制时，在政策实施前期将采取寻租行为应对，而后期将采取绿色创新行为应对，若企业存在经营业绩的既定目标或者约束将提升寻租行为的实施程度；政府反腐力度的提升，将减少企业遭遇政府环境规制实施寻租行为的程度，而增加企业实施绿色创新行为的程度。

本章的研究对政府实施环境规制政策对微观主体企业行为的影响具有重要启示。政府实施环境规制政策的本意，是通过外在干预限制企业某种特定活动或促使企业生产标准达到低污染的要求。在政府环境规制下，虽然企业会增加实施绿色创新行为，但也会通过实施寻租的方式规避管制，需要警惕腐败造成的环境规制政策失灵以及企业寻租行为猖獗造成的营商环境恶化，破坏公正透明的政策政务环境。因此，提升政府反腐力度，增强对政府官员的震慑，从而增加企业实施寻租行为的成本，是破解企业应对政府规制采取寻租而非绿色创新行为的现实选择。

这项研究还可以向不同方向拓展。第一，本章选取的样本为中国的上市公司，可能存在一定的片面性，因此可以扩充样本对象进行验证，如包含中小企业的样本以及其他国家的企业样本。第二，政府环境规制政策的实施手段包含多种类型，如惩罚型、激励型和市场型等，关于不同类型的环境规制政策对企业行为造成怎样的影响，可以进行进一步讨论。第三，从单个企业样本来看，面对政府环境规制，企业可能实施寻租行为、创新行为或者二者同时实施，那么应对行为选择的不同会对企业效益造成怎样的影响？本章未对此进行阐述。

本 章 小 结

本章研究了命令控制型环境规制对企业行为的影响。在转型经济国家，市场化不充分和政府监管体制不完善，当政府实施环境规制时，企业可能不是单一地选择寻租或亲环境生产行为（如绿色创新），而是实施混合行为决策。本章利用中国 2012 年《国家环境保护"十二五"规划》的实施对政府环境规制强度的外生冲击，根据中国上市公司的数据采用 DID 模型进行验证。研究发现命令控制型环境规制实施后，企业将同时实施寻租行为和绿色创新行为予以应对。从企业政治背景考虑，民营企业更愿意采取寻租行为，而国有企业更愿意采取绿色创新行为，若企业高管拥有政治经历将实施更多的寻租行为。规制实施前期，企业主要采取寻租行为，若企业存在经营业绩的既定目标或者约束将加大寻租行为力度；而在规制实施后期，企业将采取绿色创新行为应对。当政府提升反腐力度，将会减少企业遭遇政府规制时采取寻租行为的程度，而更大规模实施绿色创新行为。

第四章　命令控制型环境规制对工业企业绿色创新的影响

第一节　引　　言

改革开放以来，中国经济迅猛增长。然而中国经济在高速发展的同时，环境问题也在进一步恶化。能源过度消耗、大气污染、水污染、噪声污染和土壤污染等问题长期困扰着中国。早期中国的经济发展主要依赖资源的大量消耗，是以环境为代价的经济增长。兰德公司 2015 年 1 月的一份研究报告指出，在 2000~2010 年，中国环境污染的成本占每年 GDP 的 10%左右。据世界卫生组织报道，2012 年中国每 10 万人中就有 161.1 人死于空气污染。环境问题不仅影响人民的生产和生活，也制约着中国的经济发展和社会进步。

中国的环境问题源于其粗放式的经济模式，而该经济模式与中国的产业结构密切相关。中国的产业结构包括以农业为主的第一产业、以工业为主的第二产业，以及包含除第一、第二产业外的其他产业的第三产业。新中国在成立之初，是一个典型的农业国家，第一产业占 GDP 的比重远远超过第二、第三产业。改革开放以后，中国经历了三次产业结构的变动，三种产业占 GDP 的比重发生了较大的变化：第一产业的比重逐渐下降且内部结构得到一定的改善；第二产业比重长期稳定保持在 40%~50%；第三产业的比重在 1985 年超过第一产业，位居第二。第二产业作为 GDP 的主要贡献者，同样也是环境问题的根源所在。据国家环境保护总局估计，2013 年中国工业污染占全国总量的 70%以上，其中二氧化硫占总排放量的 80%以上，化学需氧量占全国排放量的 70%，而工业能源消耗占全国总能耗的 70%左右。工业生产的本质是将自然资源加工制造成用于消费或再加工的产品，在工业生产过程中需要投入大量资金和资源，同时也会产生废料，包括固态废物、液态废物和气态废物。因此中国的经济发展模式存在高投资、高消耗、高污染的特点。这种粗放式的经济模式加速了中国经济的发展，但也使中国经济增长逐渐接近能源和环境条件的约束边界。近几年，伴随着工业化和城市化进程的加快，中国的环境问题日益凸显，节能减排已成为迫切之需。

以二氧化硫污染为例，长期以来中国的二氧化硫污染问题十分严峻。自 2005 年以来，中国成为世界上最大的二氧化硫排放国，2005 年的排放量高达 2549 万 t，其中 80%以上的二氧化硫是工业排放造成的（He，2010）。中国企业的二氧化硫排放量居高不下可以从能源消耗、技术创新及产业结构三个方面来分析。①从能源消耗来看，企业能源强度大。能源强度是指能源消耗与产出的比重，即单位 GDP 能耗。有两个原因导致中国企业能源现状。首先，能源消费结构不合理是主要原因，中国能源消费结构长期以煤炭为主体，新中国成立之初，煤炭占全国能源消费总量的 90%以上[①]，在中短期内煤炭仍是中国能源消耗的主要来源，其主导地位决定了二氧化硫的高排放量；其次，中国企业的能源利用率较低，2021 年世界能源强度为 6.19 艾焦耳/万亿美元，而中国能源强度在 2021 年为 8.89 艾焦耳/万亿美元[②]，在能源利用率方面与世界平均水平还存在一段差距。②从技术创新来看，中国部分企业存在着创新意识、技术水平、管理效率不高和生产工艺落后的问题，技术水平直接影响能源利用率、原材料的投入量和废弃物的处理，管理水平与污染排放负相关，而生产工艺与资源的消耗和利用密切相关。③从产业结构来看，一方面，中国企业以第二产业为主，而第二产业二氧化硫排放量占比大，在 2022 年占据全国二氧化硫排放量的75.3%；另一方面，中国产业内部结构不合理，二氧化硫的行业集中度较高，排放量前五行业的二氧化硫排放量之和超过了全国工业源二氧化硫排放量的 90%[③]。以上三个方面导致了中国工业化进程伴随着高投资、高消耗和高污染的经济发展模式，二氧化硫排放量高居世界第一，给环境的可

①　《能源的饭碗必须端在自己手里》，https://www.nea.gov.cn/2022-01/07/c_1310413762.htm，2022年 1 月 7 日。

②　《董秀成闲说能源：（董秀成）中国能源效率：尽管近年逐渐提高，但仍低于国际水平》，https://news.uibe.edu.cn/info/1371/56658.htm，2023 年 10 月 16 日。

③　《2022 年中国生态环境统计年报》，https://www.mee.gov.cn/hjzl/sthjzk/sthjtjnb/202312/W020231229339540004481.pdf，2023 年 12 月 29 日。

持续发展和人民生活质量带来了巨大的危害。

在 20 世纪 80 年代，中国政府开始意识到二氧化硫污染的危害性和严重性。1987 年 5 月公布了《中华人民共和国大气污染防治法》，提出保护和改善环境、防治大气污染、保障公众健康、推进生态文明建设、促进经济社会可持续发展。1995 年 8 月，全国人大常委会通过了修订的《中华人民共和国大气污染防治法》，规定在全国划定酸雨控制区和二氧化硫污染控制（简称两控区）。国家环境保护局于 1995 年底组织开展了两控区的划分工作，在 1998 年发布了《酸雨控制区和二氧化硫污染控制区划分方案》，文件中详细介绍了两控区划分的指导思想、基本条件和划定范围。1996 年，中国政府发布了《大气污染物综合排放标准》，该标准规定了 33 种大气污染物的排放限值以及标准执行中的各项要求。

为了从根本上解决环境问题，2005 年 10 月召开的十六届五中全会首次将建设资源节约型、环境友好型社会确立为一项长期的战略任务。资源节约型和环境友好型社会的内涵都强调了控制和减少污染物。为了进一步落实该战略，2006 年 3 月第十届全国人民代表大会第四次会议批准了《中华人民共和国国民经济和社会发展第十一个五年规划纲要》，提出了建设资源节约型、环境友好型社会的倡议。随后，《国务院关于落实〈中华人民共和国国民经济和社会发展第十一个五年规划纲要〉主要目标和任务工作分工的通知》印发，该文件规定了由国家环境保护总局牵头的"十一五"期间全国主要污染物减排总量减少 10%的任务。国务院发布的《"十一五"期间全国主要污染物排放总量控制计划》规定了各项污染物指标的具体减排目标，并结合实际情况为各个省区市制定了不同的减排任务，如图 4-1 和图 4-2 所示。中央政府为地方政府规定了强制性的长期目标以及完成目标的年限，国家环境保护总局专门为此次减排任务设立了污染物排放控制机构。同时，中央政府将约束性指标纳入各地区、各部门经济社会发展综合评价和绩效考核中，并将主要污染物排放总量减少指标纳入对各地区领导干部的政绩考核中，由人事部配合中央有关部门落实。因此，"十一五"期间规划的各个环境规制政策比此前"有总量无控制"的环境政策力度更大。

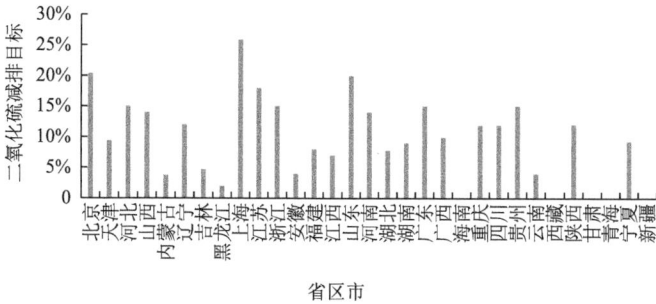

图4-1　"十一五"规划环境规制各省区市二氧化硫减排目标

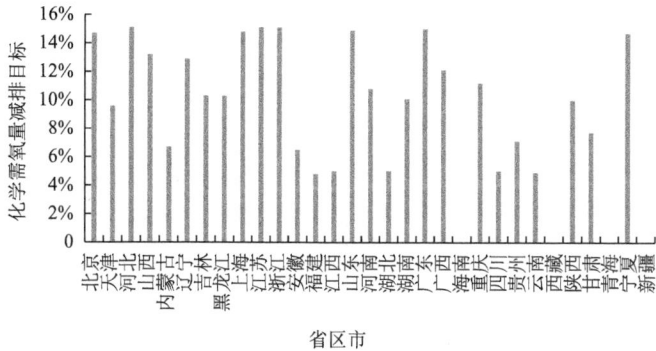

图4-2　"十一五"规划环境规制各省区市化学需氧量减排目标

　　在中央政府、地方政府以及企业的共同努力下，工程减排（通过末端处理措施减少排放）、结构减排（通过关闭小工厂减少排放）和监督减排（通过加强环境监督减少排放量）三项关键措施出台（Liu and Wang，2017a），2010年二氧化硫和化学需氧量的排放量相比2005年分别下降了12.5%和14.4%，"十一五"规划的减排目标得以实现并超额完成。从环境角度来看，"十一五"规划环境规制取得了明显的治污效果。

　　回顾中国在环境管理方面所做出的努力，我们发现，中国使用的环境政策以命令控制型为主，市场型为辅。"十一五"规划二氧化硫减排政策为典型的命令控制型政策，通过为各地区制定排放标准来控制污染物排放量。因此本章以"十一五"规划二氧化硫减排政策作为研究对象，考察命令控制型环境规制对企业亲环境生产行为的作用，从而为中国的环境管理提供有针对性的建议。

　　现有文献中，已有不少文献从环境角度对"十一五"规划环境规制的政策效果进行评价（Liu and Wang，2017a）。在评价环境政策时，不仅要从环境角度考察政策的实施效果，也要关注政策对经济的影响。环境规制在改善环境的同时,不可避免地会对企业生产过程中的资源再分配、资本投资和技术创新等活动产生影响(Albrizio et al.,2017)。那么"十一五"规划环境规制政策是否会对经济产生负面影响?现有文献从选址(Wang et al.,2015b;Chen et al.,2018c)、出口(Shi and Xu,2018)和全要素能源效率(Shao et al.,2019)的角度探究了"十一五"规划环境规制对微观主体企业经济方面的影响,但缺乏其对企业创新作用的研究。创新是许多学者研究和关注的对象,同时是企业改善环境、社会和财务表现的关键因素,也是企业和国家获得竞争优势的一项重要能力。随着中国经济步入新常态,在经济增速放缓并面临资源和环境约束的情况下,仅仅关注环境规制的治污减排效果是远远不够的,考虑环境规制政策实施后对经济发展动力的影响十分必要。中国经济的长期高质量发展要依靠创新能力。因此,为了实现环境改善和经济增长的双赢目标,必须考虑环境规制对企业创新的影响,为政府今后的政策制定提供指导和建议。

在研究环境规制的影响方面,DID 应用广泛(Geltman et al.,2016;Shao et al.,2019;Zhang et al.,2019a;Zhou et al.,2019;崔广慧和姜英兵,2019;吴建祖和王蓉娟,2019)。该方法的基本思路是将样本分为实验组和对照组,根据实验组和对照组在政策实施前后的变化量差值计算出政策实施的净影响。本章采用 DID 考察环境规制对企业绿色创新效率的动态边际效应。与大多数设立 0-1 变量来区分实验组和对照组的文献(Yu and Zhang,2019;Shao et al.,2019)不同,本章采用连续变量区分实验组和对照组,属于广义的差分法,即根据省区市的减排目标来划分实验组和对照组,减排目标较高的省区市作为实验组,减排目标较低的省区市作为对照组但又不离散化。但 DID 存在无法排除其他政策干扰的问题,即除了"十一五"规划环境规制政策之外,可能存在其他政策对位于不同减排目标的省区市的企业绿色创新效率产生不同的影响,从而导致估计结果出现偏差,如 2007 年实施的二氧化硫排污权交易试点政策。此外,DID 无法消除行业差异以及地区差异等问题。

DDD 可以解决这些问题,该方法是指除了政策实施前后、受到政策作用大小这两组差分外,还需要找到另外一对实验组和对照组以降低其他政策的影响,如行业的污染属性(Cai et al.,2016b;Tang et al.,2020b)。本章采用 DDD 检验环境规制对企业绿色创新效率的平均处理效应,选择污染程度重和污染程度轻的企业作为 DDD 的第二对实验组和对照组,使用行业二氧化硫平均排放量来区分污染程度较重和污染程度较轻的企业,同样属于广义的差分法。相比污染程度较重的行业,污染程度较轻的行业对环境规制的敏感程度较小，因此第二对实验组和对照组的差异可以在一定程度上反映其他政策所带来的影响。将第一对处理组和对照组的差异（包括"十一五"规划环境规制政策和其他政策的影响）减去第二对处理组和对照组的差异（其他政策的影响），就能在一定程度上消除其他政策的影响，得到一个更准确的结果。

为了弥补现有文献的不足，本章从微观层面研究"十一五"规划环境规制政策对于企业创新行为的影响，选取 2002~2017 年沪深 A 股上市工业企业为研究对象，进行了以下实证研究：首先，运用 Super-SBM DEA 测算了 2002~2017 年 496 家沪深 A 股上市工业企业的绿色创新效率。其次，采用 DID 和 DDD 检验了环境规制对企业绿色创新效率的平均处理效应和动态边际效应。最后，进行了一系列稳健性检验、异质性分析和机制分析。通过分析我们发现，"十一五"规划环境规制政策的实施与企业绿色创新效率呈负相关关系。以往研究（Yang et al.，2017b；Cheng et al.，2017；Shao et al.，2019）发现中国环境规制政策实施的效果不尽如人意，本章研究为这些研究提供了相关证据，并在最后提供了一些可供参考的政策调整建议。

与已有文献相比，本章的贡献在于以下几个方面：第一，本章从微观企业层面研究环境规制政策对企业创新的影响，以绿色创新效率作为企业创新的衡量指标，涉及投入与产出两项内容且考虑了生产过程对环境的影响。第二，在评价环境政策的平均处理效果时本章采用 DDD，与大多数使用 DDD 的文献不同，在实验组和对照组的区分上本章使用连续变量，属于广义的差分法。第三，本章从企业规模、企业所有制和企业所在地的角度检验了环境规制对企业创新作用的异质性因素，拓展了环境规制效应研究，为相关研究提供了理论依据，为政策的制定和调整提供指导。第四，本章探究了环境规制政策效果的因果关系，检验了环境规制对于企业绿色创新效率的微观机制，为政策的效果评价和进一步优化提供参考。

本章其余部分安排如下：第二节介绍了数据来源、模型构建和变量选择；第三节为实证分析部分，检验环境规制对于企业绿色创新的平均处理效应和动态边际效应，同时进行稳健性检验和异质性分析，并进一步讨论环境规制对企业绿色创新的影响机制；第四节是结论与政策建议。

第二节　模型、变量与数据

一、模型建构

1. Super-SBM DEA 模型

本章运用 Super-SBM DEA 方法测算绿色创新效率指标。在估计效率时一般有两种方法：第一种是参数法（Aigner and Chu，1968），该方法的核心是构建一个前沿生产函数（在确定的生产条件下生产要素投入与最大可能产出量之间的数量关系），通过该函数确定的前沿面来测算生产单元的效率；第二种是 DEA 所代表的非参数法，与参数法相比，该方法不需要提前设定生产前沿函数，灵活性更强。DEA 是一种使用线性规划来确定决策单位的相对效率的方法（Charnes and Cooper，1962），因其具有不需要设定权重、可衡量多投入多产出、不要求各要素的量纲一致等优点而广泛应用于经济、社会和管理领域。传统 DEA 模型包括基于规模报酬不变的 CCR（Charnes, Cooper, and Rhodes）模型（Charnes et al.，1978）和基于规模报酬可变的 BCC（Banker, Charnes, and Cooper）模型（Banker and Morey，1986），是从径向（投入和产出以等比例缩小或放大）和角度（投入或产出的角度）两个方面对绩效进行衡量，并未考虑松弛变量的影响，使估计的效率不够准确。在此基础上，Tone（2001）提出了 SBM 模型，在目标函数中引入松弛变量，解决了松弛性的问题。SBM 模型是一种基于松弛变量测度的非径向非角度的 DEA 模型，其优点在于 SBM 模型考虑了效率中非期望产出的部分，在评估环境规制政策对效率的影响时非常适用。随后，在 SBM 模型的基础上，Tone（2002）提出了 Super-SBM DEA 模型，该模型对 SBM 模型中的有效单元进行进一步的评价与排序，克服了原始模型与现实差距较大的不足，为决策单元的比较和决策提供了有效工具。

对于绿色创新效率，本章采用 Super-SBM DEA 模型进行测算。传统DEA 模型是建立在产出均为期望产出的基础上，与实际生产过程有较大差距。此外，传统 DEA 模型属于径向和线性分段形式理论，在要素松弛或拥挤的情况下使用该模型会得到偏大的效率。SBM 模型很好地解决了以上两个问题，一方面 SBM 模型考虑了非期望产出，不仅更符合现实情况，而且适用于衡量环境规制对于效率的影响。同时，SBM 模型克服了径向和线性分段形式理论的限制，有效解决了松弛性问题，使其应用范围更加广泛。但是使用传统的 SBM 模型存在无法对决策单元进行进一步的比较和排序的问题，因此本章采用 Super-SBM DEA 模型，构建模型如式（4-1）所示：

$$Y_{ijpt} = \min \frac{\frac{1}{m}\sum_{u=1}^{m} \overline{x}_u / x_{u_0}}{\frac{1}{s_1+s_2}(\sum_{r=1}^{s_1} \overline{y}_r^g / y_{r_0}^g + \sum_{l=1}^{s_2} \overline{y}_l^b / y_{l_0}^b)} \quad (4\text{-}1)$$

$$\text{s.t.} \ \overline{x} \geqslant \sum_{\upsilon=1,\neq 0}^{n} \lambda_\upsilon x_\upsilon$$

$$\overline{y}^g \leqslant \sum_{\upsilon=1,\neq 0}^{n} \lambda_\upsilon y_\upsilon^g$$

$$\overline{y}^b \leqslant \sum_{\upsilon=1,\neq 0}^{n} \lambda_\upsilon y_\upsilon^b$$

$$\overline{x} \geqslant x_0, \overline{y} \leqslant y_0^g, \overline{y} \leqslant y_0^b$$

$$\sum_{\upsilon=1,\neq 0}^{n} \lambda_\upsilon = 1, \overline{y}^g \geqslant 0, \lambda \geqslant 0$$

其中，j、p 与 t 分别表示企业 i 所属行业、所在省份以及年份；Y_{ijpt} 表示企业 i 的绿色创新效率；x 表示某一企业的投入，包括人员投入和资金投入；y^g 表示期望产出，是指对企业有益、与企业目标相符的产出，如专利数量、主营业务收入等；y^b 表示非期望产出，是指伴随期望产出的对于企业无益、与企业目标不相符的产出，如二氧化硫排放；λ 表示权重向量。这里采用规模报酬可变、产出导向的 Super-SBM DEA 模型，该模型要求产出导向不能为 0，由于部分企业的产出存在为 0 的要素，将各个企业的投入产出要素加上 0.01 后再纳入模型进行计算。

2. DID

对政策评价的常用方法是 DID，该方法由 Ashenfelter 和 Card（1984）提出。DID 通过对比政策实施前后，政策对实验组与对照组的影响之差，反映政策对实验组的净影响。DID 应用广泛，使用 DID 可以在很大程度上避免内生性问题，相比于传统的在设置政策发生与否的虚拟变量后进行回归的方法，DID 具有更高的准确性和科学性，并且该方法的原理和模型设置简单，容易理解和运用。本章采用 DID 构建模型（4-2）用以检验"十一五"规划环境规制政策对二氧化硫减排绩效的净效应：

$$Y_{ijpt} = \beta_0 + \sum \beta_k \cdot \ln(\text{Target}_p) \cdot t^k + \gamma_i + \mu_t + \varepsilon_{ijpt} \qquad （4\text{-}2）$$

其中，$\ln(\text{Target}_p)$ 表示 p 省的减排目标的自然对数，部分省份的减排目标为 0，因此将各个省份的减排目标加 0.01 后再取自然对数进行处理；t 表示年份虚拟变量，本章选择 2006 年为政策冲击年份，当 $t \geqslant 2006$ 时，令 $t = 1$，否则为 0；交乘项 $\ln(\text{Target}_p) \cdot t^k$ 的待估系数 β_k 表示第 k 年环境规制政策的实施对企业绿色创新效率的净影响，若"十一五"环境规制政策促进了企业的绿色创新效率，则该系数显著为正；γ_i 表示个体固定效应。μ_t 表示年份固定效应；ε_{ijpt} 表示随机干扰项。

3. DDD

由于不同行业二氧化硫排放量存在差异，在面对环境规制时不同行业的响应性不同，为进一步研究"十一五"环境规制政策对于不同行业的作用效果，本章采用 DDD 验证政策效果的行业差异，引入行业平均二氧化硫排放量来衡量行业的污染程度，从而反映环境规制对于污染程度不同的行业的影响。因此构建模型（4-3）：

$$\begin{aligned} Y_{ijpt} = {} & \beta_0 + \beta_1 \cdot \ln(\text{Target}_p) \cdot t \cdot \ln\text{SO}_2 + \beta_2 \cdot \ln(\text{Target}_p) \cdot t \\ & + \beta_3 \cdot \ln(\text{Target}_p) \cdot \ln\text{SO}_2 + \beta_4 \cdot t \cdot \ln\text{SO}_2 \qquad （4\text{-}3） \\ & + \sum \beta_x \cdot \text{Control} + \gamma_i + \mu_t + \varepsilon_{ijpt} \end{aligned}$$

其中，$\ln\text{SO}_2$ 表示行业平均二氧化硫排放量的自然对数；$\ln(\text{Target}_p) \cdot t \cdot \ln\text{SO}_2$ 表示本章关注的重要交乘项，其系数 β_1 是 DDD 估计量；Control 表示可能影响企业绿色创新效率的其他控制变量，包括企业规模、企业年龄等。

4. 中介效应

为了进一步分析"十一五"规划环境规制对企业绿色创新效率的作用路径，本章通过中介效应，运用逐步检验的方法（Chan et al.，2012）考察环境规制政策的作用过程和内在作用机理，构建模型（4-4）~模型（4-6）：

$$Y = cX + \sum \beta_{\text{Control}} + e_1 \qquad （4\text{-}4）$$

$$M = aX + \sum \beta_{\text{Control}} + e_2 \qquad （4\text{-}5）$$

$$Y = c'X + bM + \sum \beta_{\text{Control}} + e_3 \qquad （4\text{-}6）$$

其中，Y 表示被解释变量；X 表示解释变量；M 表示中介变量；β_{Control} 表示控制变量；e_1、e_2、e_3 表示随机误差。当回归结果中的系数 c 和 a 显著时，存在中介效应；中介效应存在时，如果系数 c' 显著，则表明该中介效应为部分中介，反之则为完全中介。

二、变量选择

经过综合考虑，本章采用绿色创新效率衡量企业创新行为，该指标结合了创新投入与产出两个方面：创新投入涉及研发资金投入和研发人员投入，既考虑了费用要素，又考虑了人员要素；创新产出包含期望产出工业产值和专利数量以及非期望产出二氧化硫排放量，既考虑了创新对于企业经济的作用，又考虑了企业生产活动对环境的影响，能够全面反映企业的创新过程，将企业创新与环境规制的影响联系起来。

被解释变量 Y_{ijpt} 为企业绿色创新效率，包含投入和产出两个要素，被解释变量的计算指标借鉴 Guo 等（2017）的做法。投入包括研发人员数量和研发资金。产出包括期望产出和非期望产出，专利是企业的创新成果，而企业创新可以提高效率，从而提高企业的生产率，因此期望产出以企业拥有的专利数量和企业工业产值来衡量。专利分为发明专利、实用新型专利和外观设计专利，本章主要考虑前两类，因为这两类专利技术含量较高。非期望产出则是由行业二氧化硫平均排放量进行测度。

创新行为会受到自身特征的影响。Aboal 等（2015）的研究发现企业创新水平的提高与企业的规模有关。影响企业研发投资和创新活动的另一个主要因素是企业成熟度（Czarnitzki et al.，2011）。此外，由于管理方式、组织架构、企业文化、审核机制、融资方式和预算约束等方面的差异，所有制制度的不同也会影响企业的创新能力（Kafouros et al.，2015）。许多学者认为非国有企业比国有企业的创新意愿更强（Lin et al.，2010），非国有企业的创新效率也高于国有企业（Chen et al.，2014；Li and Lu，2018）。以企业自身利润为主的内源融资是企业创新研发投入的重要来源（Brown et al.，2012），因此企业的财务状况将直接影响企业对于创新的投入。

基于上述分析，本章借鉴 He 和 Tian（2013）以及 Xie 等（2017）的做法，以企业层面的经济和制度特征为模型的控制变量，包括企业规模、企业成熟度、国有企业哑变量和企业财务状况。企业规模由样本企业的总资产和员工数量进行衡量，取对数后分别用 lnAsset 和 lnLabor 表示；企业成熟度以样本企业年龄为衡量指标，取对数后用 lnAge 表示；国有企业哑变量用 SOE 表示，当企业的实际控制人为中央和地方的国资委、政府机构、国有企业时该变量取值为 1，否则为 0；企业的财务状况以企业的总资产净利率衡量，用 ROA 表示。

企业现金流量和预期收益是影响企业是否增加创新活动的重要因素（Brown and Petersen，2011；Schumpeter，2017）。通过对环境规制政策的作用机理进行分析梳理，本章认为命令控制型政策通过对企业施加成本压力，从而促进企业进行节能减排，成本的增加会导致企业现金流量的减少，从而增加企业研发创新活动的资金负担。如果"十一五"环境规制政策降低了企业现金流量，进而导致了企业绿色创新效率的降低，则表明"十一五"环境规制政策通过降低现金流量给企业绿色创新带来负面影响。因此本章将现金流量作为中介变量，检验"十一五"环境规制政策是否通过现金流量影响企业创新行为。

在环境规制实施后，企业为了满足政策要求，可能加大创新投入，减少污染物排放，降低减排成本，提高企业生产效率，生产出更加绿色环保的产品，而环境规制的实行可以提高消费者的环保意识，消费者更倾向于购买环境友好型产品（Albort-Morant et al.，2016），企业因此获得更多的产品销售收入，在竞争中获得一定的优势（Li et al.，2017a），即环境规制可能提高企业绿色创新的预期收益。该结论成立的前提是"十一五"环境规制政策的确能促进企业绿色创新，使企业的销售收入增加，总资产净利率有所提高，否则企业将没有动力进行绿色创新。因此本章使用总资产净利率作为中介变量，用以检验"十一五"环境规制政策是否通过预期收益影响企业创新行为。

三、数据说明

本章选取 2002~2017 年沪深 A 股上市工业企业作为样本，其原因包括以下几点：第一，工业是中国经济的重要推动力，具有经济重要性；第二，大部分能源是由工业部门消耗的，具有能源重要性；第三，工业污染物排放占污染物排放总量的大部分，具有环境重要性。因此，工业是实现节能减排目标的主要实施对象，也是考察环境规制对经济作用的重要研究对象。样本选择具体步骤如下：①选取 2002 年以前上市并存续至 2017 年后的企业；②剔除掉工业行业中企业数量过少的行业样本，共获得 20 个行业样本，行业名称（代码）为煤炭开采和洗选业（02060），有色金属矿采选业（02090），农副食品加工业（03130），食品制造业（03140），饮料制造业（03150），纺织业（03170），造纸及纸制品业（03220），石油加工、炼焦及核燃料加工业（03250），化学原料及化学制品制造业（03260），医药制造业（03270），橡胶制品业（03290），塑料制品业（03300），非金属矿物制品业（03310），黑色金属冶炼及压延加工业（03320），有色金属冶炼及压延加工业（03330），通用设备制造业（03353），专用设备制造业（03367），电气机械及器材制造业（03400），通信设备、计算机及其他电子设备制造业（03410），电力、热力的生产和供应业（04440）；③剔除连续亏损的企业，即 ST 和 *ST 企业，以及缺失值较严重的企业，从而保证样本的稳定性和有效性。通过筛选最终获得 496 个企业样本，共计 7936 个有效观测值。

本章采用的数据包括企业数据（研发人员投入、研发资金投入、专利数量、工业产值、主营业务收入、总资产、员工数量、企业年龄、总资产净利率、现金流量、所有制类型）、行业数据（二氧化硫平均排放量）和省区市数据（二氧化硫减排目标），具体来源如下：企业数据来自东方财富网、Wind 数据库、中国微观经济数据查询系统、佰腾网和国家知识产权局；行业数据来自《中国统计年鉴》《中国环境统计年鉴》《中国环境年鉴》；省区市数据来自文件《"十一五"期间全国主要污染物排放总量控制计划》。对于缺失值，本章进行了均值补缺和近似代替的处理。数据经过 Excel 整理后，使用 MaxDEA 8 软件测算企业的绿色创新效率，最后采用 Stata 14 软件对处理后的数据进行回归结果的计算。

变量的描述性统计如表 4-1 所示，行业二氧化硫平均排放量为 188.6 万 t，各企业资产的均值为 910 783 万元，员工人数的均值为 5571.166 人，企业年龄的均值为 23.810 年，总资产回报率的均值为 3.718%，有 79.4%的企业为国有企业，现金流量的均值为 59 317 万元。

表 4-1　变量的描述性统计

变量	均值	标准差	单位
Y_{ijpt}	0.240	0.995	
$Target_p$	0.124%	0.068%	
SO_2	188.6	518.9	万 t
Asset	910 783	2 219 649	万元
Labor	5 571.166	8 886.220	人
Age	23.810	3.991	a
ROA	3.718%	74.485%	
SOE	0.794	0.404	
CF	59 317	2 184 740	万元

第三节　实　证　结　果

一、平均处理效应

在平均处理效应检验中，本节以模型（4-3）为基础进行回归分析，表 4-2 中列（1）为没有加入控制变量时的结果，而列（2）为加入控制变量的结果。由表 4-2 可知，无论是否加入控制变量，交乘项系数都在 1%的水平上显著为负，表明"十一五"环境规制政策对企业绿色创新效率具有抑制性作用。该结果与 Li 等（2019）的研究结论一致，他们基于 2004~2016 年中国 30 个省区市的面板数据，采用空间计量经济模型探讨环境创新如何响应命令控制型环境规制，发现命令控制型环境规制对创新具有显著的不利影响，造成这一结果的原因是中国的命令控制型环境规制相对严格且不灵活，这类政策往往没有充分考虑企业减排能力的异质性，为了满足环境规制的要求，企业会尽快购买污染处理设备，导致短时间内成本压力累积，进而导致创新活动减少（Pan et al.，2019）。

表 4-2　平均处理效应和动态边际效应结果

变量	（1）平均处理效应	（2）平均处理效应	（3）动态边际效应	（4）动态边际效应
$\ln(\text{Target}_p)\cdot t\cdot \ln \text{SO}_2$	-0.004 21*** (-4.14)	-0.003 86*** (-2.64)		
$\ln(\text{Target}_p)\cdot t^1$			-0.078 19*** (-3.27)	-0.077 00*** (-3.23)
$\ln(\text{Target}_p)\cdot t^2$			-0.003 33 (-0.14)	-0.000 18 (-0.01)
$\ln(\text{Target}_p)\cdot t^3$			-0.005 13 (-0.21)	-0.001 20 (-0.05)
控制变量	否	是	否	是
时间固定效应	否	是	否	是
个体固定效应	是	是	是	是
N	7 932	7 932	7 932	7 932
R^2	0.005 3	0.013 6	0.007 2	0.015 4

注：括号内为双尾检验 T 值，经过公司层面聚类稳健标准误计算得出

***表示在 1%的水平上显著

　　"十一五"规划二氧化硫减排政策通过为各省区市制定减排目标而达到减排的目的,属于命令控制型政策,相对严格且灵活性较低。在"十一五"规划二氧化硫减排政策实施后,环境规制对企业的生产行为施加了诸多限制,这些限制不可避免地增加了企业的成本负担,使生产过程和管理过程变得困难(Cheng et al.,2017)。企业需要减少能源消耗、增加其他替代品的使用(Kumar et al.,2015),这会导致成本上升,损害企业的盈利能力和相对优势(Jiang et al.,2014),企业的研发投入决策会受到"节约成本"动机的影响,用于减少能耗和增加其他生产要素的费用会占用创新研发投入的资金(Cheng et al.,2018)。同时,严格的环境规制标准会占据部分管理时间,消耗企业的财务和人力资源,导致绿色创新效率无法提高。

　　从前面可知,"十一五"规划二氧化硫减排政策实施后,二氧化硫的排放量明显下降,环境问题有所改善。但是在经济方面,该政策并未促进企业绿色创新效率的增长,并对企业的创新行为产生了一定的抑制作用,说明该政策仍有需要改进的地方,该结论并未支持波特假说。事实上,许多学者发现在某些条件下波特假说并不成立,只有在特定的情况下环境规制才会对创新产生积极作用(Caputo,2014;Taylor et al.,2015)。Zhao等(2015)认为,波特假说是建立在灵活的市场型环境规制之上,而不是基于命令控制型环境规制。具体而言,促进创新的环境规制必须满足以下三个条件(Caputo,2014;Taylor et al.,2015):首先,环境规制应该为企业的创新活动提供激励和便利,而不是依靠行业标准等措施限制企业行为;其次,环境规制应鼓励企业不断改进技术,而不是强迫企业使用先进技术;最后,政府应当为企业提供长期的政策指导,以减少不确定性。这不仅进一步解释了为何命令控制型环境规制无法有效促进企业绿色创新,也为政府未来政策的制定和调整提供了明确的方向。

二、动态边际效应

　　前面的回归结果仅反映了 2002~2017 年"十一五"规划二氧化硫减排政策对于企业绿色创新效率的平均处理效应,并未揭示环境规制的边际效应。边际效应可以捕捉政策的年度影响效果(Shao et al.,2019),因此边际效应检验对政策评估具有重要意义。

　　为了检验"十一五"规划二氧化硫减排政策对企业的绿色创新效率是否有持续的影响,本章在模型(4-2)的基础上进行回归分析,回归结果如

表 4-2 所示，交乘项 $\ln(\text{Target}_p) \cdot t^k$ 在第一年显著为负，第二年和第三年不显著，由此可知"十一五"规划二氧化硫减排政策在第一年对绿色创新效率存在显著的负面影响，且作用时间较短。中国工业企业对资源和能源投入的依赖性较高，命令控制型环境规制下开发新技术或方法不能给企业带来额外的好处，企业的创新动力和能力较弱，不能从根本上改善环境问题。在命令控制型环境规制所带来的成本压力和较低的创新热情的双重影响下，企业会选择减少创新投入而将资金用于购置更好的设备或更优良的原材料，而不是进行技术创新（Yuan and Zhang，2017）。Yabar 等（2013）的研究表明，直接监管缺乏创新的长期激励，只有具有灵活性并设定了特定目标的政策才能对创新产生持续正向的作用。

三、稳健性检验

1. 反事实检验

前面采用 DID，考察"十一五"规划二氧化硫减排政策对企业绿色创新效率的动态边际效应检验结果。但是，如果减排目标较重的省区市和减排目标较轻的省区市之间存在时间趋势，即减排目标较重和减排目标较轻的省区市之间存在着随时间变化的差异，那么就可质疑该结果并非政策效应导致的结果，而是政策实施前减排目标较重和减排目标较轻的省区市间不同的时间趋势所造成的。

为了检验在"十一五"规划二氧化硫减排政策实施之前，减排目标较重和减排目标较轻的省区市是否存在平行趋势，本章通过构造反事实事件，将 2006 年以前设置为政策作用时间后，并基于模型（4-2）进行回归来检验平行趋势和回归结果的稳健性。假设政策提前实施，即反事实事件发生在 2003 年、2004 年或 2005 年。如果在 2003 年、2004 年或 2005 年实施的环境规制政策对企业绿色创新效率没有显著作用，则表明分析结论可信。反事实检验结果如表 4-3 所示，列（1）、列（2）和列（3）分别代表反事实事件发生在 2003 年、2004 年和 2005 年的回归结果，交乘项 $\ln(\text{Target}_p) \cdot t$ 均不显著，该结果表明政策实施前后的平行趋势假设得到满足（Moser and Voena，2012；Shao et al.，2017），因此前面的结论具有可靠性。

表4-3　反事实检验结果

变量	（1）	（2）	（3）
$\ln(\mathrm{Target}_p)\cdot t$	−0.018	−0.015	−0.020
	（−0.74）	（−0.84）	（−1.34）
控制变量	是	是	是
时间固定效应	是	是	是
个体固定效应	是	是	是
N	7932	7932	7932
R^2	0.005	0.014	0.014

注：括号内为双尾检验 T 值，经过公司层面聚类稳健标准误计算得出

2. 并发事件

同时期的并发事件可能会对企业的行为产生影响，从而使预测结果出现偏差。为了避免其他事件对结果的影响，本章对并发事件进行检验。在"十一五"期间，中国有三个事件可能对企业绿色创新效率产生影响：增值税改革、2008年奥运会、2008~2009年金融危机。

增值税改革是指在征收增值税时，允许企业扣除固定资产所含增值税进项税金（Zhang et al.，2018b）。这项改革可以降低增值税及其附加税，有利于增加企业的现金流量，有助于企业的良好发展。Yang 等（2012）通过检验税收激励对中国台湾地区制造企业研发活动的影响，发现税收激励政策使受益企业的研发支出比未受益者高53.8%。Czarnitzki 等（2011）考察了 1997~1999 年加拿大的研发税收抵免政策对制造企业创新活动的影响，研究表明税收抵免会增加创新产出。因此增值税改革可能会影响企业的绿色创新效率。为了解决该问题，本章在模型中考虑了企业的固定资产，回归结果如表4-4所示，无论是否添加控制变量，交乘项均在1%的显著性水平上显著为负，与前面的结论一致。

表4-4　并发事件检验结果

变量	（1）增值税改革	（2）增值税改革	（3）2008年奥运会	（4）2008年奥运会	（5）2008~2009年金融危机	（6）2008~2009年金融危机
$\ln(\mathrm{Target}_p)\cdot t\cdot\ln\mathrm{SO}_2$	−0.0042***	−0.0038***	−0.0042***	−0.0038**	−0.0048***	−0.0044**
	（−4.10）	（−2.59）	（−4.10）	（−2.47）	（−4.43）	（−2.47）
FA	−0.0000***	−0.0001***				
	（0.82）	（1.08）				

续表

变量	（1）增值税改革	（2）增值税改革	（3）2008 年奥运会	（4）2008 年奥运会	（5）2008~2009 年金融危机	（6）2008~2009 年金融危机
控制变量	否	是	否	是	否	是
时间固定效应	是	是	是	是	是	是
个体固定效应	是	是	是	是	是	是
N	7932	7932	7730	7730	6944	6944
R^2	0.0053	0.0136	0.0050	0.0134	0.0049	0.0153

注：括号内为双尾检验 T 值，经过公司层面聚类稳健标准误计算得出

、*分别表示在 5%、1%的水平上显著

在 2008 年奥运会前期及期间，政府加强对举办地污染排放的控制，北京、河北、天津、山西、内蒙古和辽宁共 6 个省区市受到影响。为了排除奥运会的潜在影响，本章剔除了 2007~2008 年受奥运会影响的 6 个省区市，回归结果如表 4-4 所示，无论是否添加控制变量，交乘项均在 5%的显著性水平上显著为负，表明该事件并未影响本章的回归结果。

2008~2009 年金融危机会使企业的收入减少、成本增加，对企业绿色创新效率产生一定影响。对于金融危机，本章剔除了 2008~2009 年的样本，然后再进行回归结果的估计，结果如表 4-4 所示，无论是否添加控制变量，交乘项均在 5%的显著性水平上显著为负。通过以上分析发现"十一五"规划期间的三件并发事件对本章回归结果无影响。

3. 替换变量

上述研究以减排目标衡量政策的强度。为保证回归结果的可靠，本章将衡量环境规制强度的指标更换为各省区市建成烟尘控制区数 Num，烟尘控制区是指为防止烟尘造成大气污染而按照法定程序划定的对烟尘加以严格控制的一定区域，烟尘控制区越多的地区环境污染越严重，其所面临的环境规制政策也会越严格。回归结果 $Num \cdot t \cdot \ln SO_2$ 系数始终显著为负，得到了与前面一致的结论（表 4-5）。

表 4-5 替换变量检验结果

变量	(1)	(2)
$Num \cdot t \cdot \ln SO_2$	-0.0001^{***}	-0.0001^{***}
	(-2.82)	(-2.87)
控制变量	否	是
时间固定效应	是	是
个体固定效应	是	是
N	7932	7932
R^2	0.0042	0.0126

注：括号内为双尾检验 T 值，经过公司层面聚类稳健标准误计算得出
***表示在 1% 的水平上显著

四、异质性分析

1. 企业规模

企业规模会产生一定的经济效应，进而改变企业的创新行为。为了进一步深入研究命令控制型环境规制对规模各异的企业是否会产生不同的影响，本章将企业规模在行业平均水平以上的企业标记为大企业，在行业平均水平以下的企业标记为小企业。回归结果如表 4-6 所示，无论是否添加控制变量，大企业的交乘项都不显著，小企业的交乘项均显著为负，表明"十一五"规划二氧化硫减排政策抑制了小企业绿色创新效率的提高。

表 4-6 异质性分析结果：企业规模

变量	(1) 大企业	(2) 大企业	(3) 小企业	(4) 小企业
$\ln(Target_p) \cdot t \cdot \ln SO_2$	-0.0016	-0.0034	-0.0049^{**}	-0.0045^{**}
	(-0.45)	(-0.60)	(-4.10)	(-3.01)
控制变量	否	是	否	是
时间固定效应	是	是	是	是
个体固定效应	是	是	是	是
N	2400	2400	5536	5536
R^2	0.0103	0.0545	0.0065	0.0144

注：括号内为双尾检验 T 值，经过公司层面聚类稳健标准误计算得出
**表示在 5% 的水平上显著

一方面，企业创新效率的提升需要规模经济作为支撑。由于规模经济、范围经济和学习经济的存在，大企业在成本分摊方面有较大的优势，且拥有更强的人力资源整合能力，从而能够获得更高的研发回报。此外，大企业有更加稳定的财务状况和更加雄厚的资金基础，环境规制所带来的减排成本上升对大企业的财务压力较小（Hotte and Winer，2012）。因此，大企业在创新活动方面成功的可能性也更高，创新的能力更强（Shi et al.，2018）。

另一方面，市场竞争可能会影响企业减少污染物排放的动机（Jiang et al.，2014）。小企业面临更加激烈的市场竞争，往往会削减成本以获得竞争优势。由于激烈的竞争和较低的利润水平，小企业可能缺乏足够的资金来采用清洁技术、购买安装减少污染物排放的设备等，其进行绿色创新的意愿不强。因此大企业的绿色创新效率可能要高于小企业。

2. 企业所有制

所有制不同的企业在管理方式、组织架构、融资方式等方面存在显著差异，在面对环境规制政策时，所有制不同的企业可能会做出不同的决策。因此为了检验不同所有制类型的企业对于环境规制的响应是否存在差异，本章纳入 SOE 变量，当企业的实际控制人为地方或中央国资委、国有企业或政府机构时，SOE 为 1，否则为 0。回归结果如表 4-7 所示，无论是否添加控制变量，国有企业（SOE=1）的交乘项都显著为负，非国有企业（SOE=0）的交乘项均不显著，这表明"十一五"规划二氧化硫减排政策对国有企业的绿色创新效率有显著的负面影响。

表 4-7　异质性分析结果：企业所有制

变量	（1）国有企业	（2）国有企业	（3）非国有企业	（4）非国有企业
$\ln(\text{Target}_p) \cdot t \cdot \ln SO_2$	−0.0041**	−0.0040**	−0.0060	−0.0011
	（−3.36）	（−2.71）	（−1.37）	（−0.21）
控制变量	否	是	否	是
时间固定效应	是	是	是	是
个体固定效应	是	是	是	是
N	6304	6304	1632	1632
R^2	0.0067	0.0116	0.0156	0.0323

注：括号内为双尾检验 T 值，经过公司层面聚类稳健标准误计算得出

**表示在 5%的水平上显著

一方面，国有企业与非国有企业的创新表现存在差异：从创新意愿来看，国有企业的创新意愿低于非国有企业，非国有企业具有更高的研发投资趋向（Lin et al.，2010）；从创新效率来看，国有企业决策往往较为低效，国有企业的创新效率不如非国有企业的创新效率高（Chen et al.，2014；Li and Lu，2018）。并且，国有企业的市场竞争压力低于非国有企业，环境规制对国有企业的激励不够，导致国有企业的创新动力不足，但在一定程度上增加了企业生产成本（Korhonen et al.，2015），从而不利于企业绿色创新效率的提高。另一方面，国有企业与非国有企业的外在压力不同：国有企业与地方政府存在着更密切的政治关联（Cui and Jiang，2012），因此国有工业企业往往能获得更多的政府资助。从以上分析可知，国有企业较小的外部压力导致其在创新活动中的积极性不高，成本的增加降低了国有企业的创新效率，加之国有企业的创新意愿和能力不如非国有企业，因此环境规制政策对于国有企业的绿色创新效率存在显著的负面影响。

3. 企业所在区域

企业可能受到所处地区的地理位置、经济发展程度、环境污染程度和资源储量等方面的影响，而产生不同的创新行为，受到不同的政策压力。为了检验企业所在地的不同是否会影响环境规制对于企业创新的作用，本章将企业按照其所处的地区分为西部企业、中部企业和东部企业。其中，西部企业包括四川、重庆、贵州、云南、西藏、陕西、甘肃、青海、宁夏、新疆、广西、内蒙古的企业，中部企业包括吉林、黑龙江、山西、安徽、江西、河南、湖北、湖南的企业，东部企业包括北京、天津、河北、辽宁、上海、江苏、浙江、福建、山东、广东和海南的企业。回归结果如表4-8所示，无论是否添加控制变量，西部企业和东部企业的交乘项均显著为负，中部企业的交乘项都不显著，表明"十一五"规划二氧化硫减排政策对西部和东部企业的绿色创新效率的抑制作用显著，对中部企业无明显作用。

表 4-8　异质性分析结果：企业所在区域

变量	(1) 西部企业	(2) 西部企业	(3) 中部企业	(4) 中部企业	(5) 东部企业	(6) 东部企业
$\ln(\text{Target}_p) \cdot t \cdot \ln SO_2$	−0.0057**	−0.0074**	0.0015	0.0031	−0.0036***	−0.0037***
	(−2.55)	(−2.26)	(0.27)	(0.56)	(−2.67)	(−2.66)
控制变量	否	是	否	是	否	是
时间固定效应	是	是	是	是	是	是
个体固定效应	是	是	是	是	是	是
N	1904	1904	2064	2064	3124	3124
R^2	0.0106	0.0495	0.0270	0.0478	0.0279	0.0296

注：括号内为双尾检验 T 值，经过公司层面聚类稳健标准误计算得出

、*分别表示在 5%、1%的水平上显著

可能的原因是西部地区经济相对不发达，基础设施、人力资本、资本投入、技术水平等生产要素匮乏，创新能力薄弱，而环境规制的执行增加了西部企业的成本，导致该地区的企业绿色创新效率较低。东部地区经济发达，但污染也是最严重的，"十一五"规划二氧化硫减排政策为东部制定的平均减排目标最高，为 14.4%，而中部地区为 7.8%，西部地区为 6.5%。因此与中部企业和西部企业相比，东部企业所面临的减排政策的实施最为严格（Yin et al.，2015；Shi et al.，2018），面临的成本压力最大，从而不利于东部企业绿色创新效率的改善。

五、机制分析

前面已验证"十一五"规划二氧化硫减排政策与企业绿色创新效率呈负相关关系，并通过稳健性检验保证了估计结果的真实可信。那么"十一五"规划二氧化硫减排政策是如何影响企业绿色创新效率？其影响的过程与作用机制又是什么？本章采用逐步法（Chan et al.，2012）对上述问题进行探究。该方法的具体步骤如下：第一步，检验"十一五"规划二氧化硫减排政策对企业绿色创新效率的影响，若估计结果显著，则表明该政策显著影响企业绿色创新效率，该步骤在前面已经得到检验；第二步，检验"十一五"规划二氧化硫减排政策通过中介变量间接对企业绿色创新效率产生作用，即依次检验"十一五"规划二氧化硫减排政策对中介效应的影响，以及中介效应对企业绿色创新效率的影响，若二者系数均显著，则中介效应成立；第三步，区分中介效应属于哪一类别，将"十一五"规划二氧化

硫减排政策虚拟变量 $\ln(\text{Target}_p) \cdot t \cdot \ln\text{SO}_2$ 与中介变量同时纳入回归模型中进行估计，若政策虚拟变量不显著则表明为完全中介效应，反之则为部分中介效应。

通过对已有文献的梳理发现，环境规制有两种影响企业行为的潜在路径，即成本压力和经济激励（Ezzi and Jarboui，2016；Zhao et al.，2015）。因此本章的机制分析选择从这两个角度出发，考察"十一五"规划二氧化硫减排政策对企业绿色创新效率的作用机制。其中，现金流量作为表示成本压力的中介变量，而总资产净利率作为表示经济激励的中介变量。根据逐步法，我们得到的回归结果见表4-9。

表4-9 机制分析结果

变量	（1）Y_{ijpt}	（2）CF	（3）Y_{ijpt}	（4）Y_{ijpt}	（5）Y_{ijpt}	（6）ROA
$\ln(\text{Target}_p) \cdot t \cdot \ln\text{SO}_2$	−0.0039*** (−2.64)	−935.0225** (−2.29)		−0.0037** (−2.47)	−0.0039*** (−2.64)	0.0913 (0.41)
CF			1.61×10^{-7}*** (2.69)	1.58×10^{-7}*** (2.66)		
ROA					0.0002 (0.56)	
控制变量	是	是	是	是	是	是
时间固定效应	是	是	是	是	是	是
个体固定效应	是	是	是	是	是	是
N	7932	7932	7932	7932	7932	7932
R^2	0.0136	0.0832	0.0138	0.0140	0.0136	0.0116

注：括号内为双尾检验 T 值，经过公司层面聚类稳健标准误计算得出

、*分别表示在5%、1%的水平上显著

1. 成本压力路径

在表4-9中，本章探讨了"十一五"规划二氧化硫减排政策是否通过降低企业现金流量来抑制企业绿色创新效率。列（1）为DDD的回归结果，表明环境规制会给企业绿色创新效率带来负面影响。列（2）中，将中介变量CF作为解释变量，交乘项显著为负，表明环境规制会降低现金流量。列（3）中，中介变量CF的系数显著为正，表明现金流量的增加会促进企

业绿色创新效率的提高。列（4）中，交乘项在 5%的水平上显著为负，表明中介效应为部分中介效应。由此可知，"十一五"规划二氧化硫减排政策通过降低企业现金流量，从而间接降低企业的绿色创新效率。本章对企业现金流量的中介效应分析发现，该中介变量所带来的中介效应属于部分中介效应，说明其中还有其他因素存在，应该进行进一步的机制探究。

2. 经济激励路径

在表 4-9 中，本章探讨了"十一五"规划二氧化硫减排政策是否通过改变企业预期收益（总资产净利率）来影响企业绿色创新效率。列（5）为 DDD 的回归结果，表明环境规制会给企业绿色创新效率带来负面影响。列（6）中，将中介变量 ROA 作为解释变量，交乘项不显著，表明环境规制对企业的预期收益无显著作用。该结果与前面的分析结果一致，"十一五"规划二氧化硫减排政策对于企业的经济激励作用不明显，证实了命令控制型环境规制主要通过成本压力对企业行为产生影响。

第四节　结论与政策建议

为了解决中国粗放型经济发展所带来的环境问题，中央于 2006 年发布了《中华人民共和国国民经济和社会发展第十一个五年规划纲要》，明确了"十一五"期间全国主要污染物减排总量减少 10%的任务。随后国务院发文进一步规定了各项污染物指标的具体减排目标和各个省区市的减排任务。本章主要研究"十一五"规划二氧化硫减排政策对企业绿色创新的影响，以 2002~2017 年 21 个工业行业、496 家沪深 A 股上市企业的微观数据为基础。首先，采用 Super-SBM DEA 模型测算企业的绿色创新效率，通过连续变量对环境规制政策的强度进行区分。然后，利用 DID 和 DDD 进行估计，以评价该政策对于企业绿色创新效率的作用。接下来，通过异质性分析探讨企业特征的差异对于环境规制与企业创新相互作用的影响，通过机制分析进一步分析企业绿色创新效率变化的内因。

通过实证分析，本章得出以下几点结论：第一，"十一五"规划二氧化硫减排政策与工业企业绿色创新效率呈负相关关系，但负面影响持续时间较短；第二，"十一五"规划二氧化硫减排政策对小企业绿色创新效率的抑制作用显著，而对大企业无明显作用，对国有企业绿色创新效率的抑制作用大于非国有企业，对西部企业和东部企业的绿色创新效率的抑制作用显著，而对中部企业无明显作用；第三，"十一五"规划二氧化硫减排政策通过减少企业的现金流量对企业绿色创新效率产生负面作用，而对企业的预期收益无显著作用。

根据上述结论，本章提出以下政策建议。

首先，政府在设计环境规制政策时应考虑其对于经济的影响。在制定政策时，政府应当设置合理的阶段性目标，在政策实施前可以对政策可能产生的一系列结果进行预测，通过辅助性的工具尽量减少对经济的负面影响（Shao et al.，2019）。

其次，政府应该将命令控制型与市场型的政策工具有机结合。从本章分析中不难发现，命令控制型环境规制政策虽然能有效控制污染物排放量，但是会在一定程度上抑制企业的绿色创新效率的增长，给经济发展带来一定的负面影响；市场型环境规制政策对企业的激励作用较大，但该类型政策的有效实施不仅要依靠高质量的政策内容，还受到市场有效性、污染物特征、时空因素和监测能力等因素的影响。因此将两种政策工具结合起来是极有必要的（Guo et al.，2017）。一方面，命令控制型环境规制政策强有力地保证了减排目标的实现，另一方面，市场型环境规制政策为企业提供了更大的弹性空间，并且能够有效地激励企业积极进行节能减排（Albrizio et al.，2017），同时，市场型工具具有外溢性，有助于多种类别的创新共同增长。通过回收环境税收和排污费来补贴企业节能减排研发的混合减排政策是实现经济增长、环境改善和社会福利的有效途径（Chu and Lai，2014）。政府在合理制定命令控制型环境规制政策的同时应当加快对市场型环境规制政策的研究，如稳步推进环境税改革、完善排污权交易机制等，通过财政和税收等市场型政策，激励企业提高绿色创新效率，积极进行节能减排。

再次，政府在制定环境规制政策时应考虑经济活动主体的差异性。"一刀切"式的环境规制可能会在某种程度上阻碍某些工业部门的发展，使其难以激励企业自愿进行节能减排。因此，环境规制的建立应当避免统一采用静态标准和盲目增加监管强度（Shen et al.，2019）。对于规模不同和所有制不同的企业，政府应当制定具有针对性、灵活性、动态性的政策，比如对于小企业，政府可以将研发投资向小企业倾斜，为小企业提供更多的机会，以激励小企业进行创新活动；对于国有企业，政府可以调高创新在国有企业的绩效考核标准中的比重，推动国有企业深化改革，以促进国有企业的创新发展；对于西部企业，政府可以加大对西部地区生产要素的投入，为西部企业创新水平的改善提供物质基础；对于东部企业，政府可以通过发放补贴激励东部地区的企业进行绿色创新（Květoň and Horák，2018）。

最后，政府应当重视自身在环境规制实施中的角色。第一，政府是协调者，中国中央政府与地方政府存在着政治上集权、经济上分权的特点，因此政策实施的效果与地方政府密切相关。为了避免各级政府在推行环境政策时产生政策分割和成本摩擦（Shao et al.，2019），政府应该合理协调各项要素，保证政策实行的有效性。第二，政府是支持者，应当为执行部门和企业提供长期的政策指导以减少政策实施过程中的不确定性，中央政府应当提供相应的资源和相关指导以支持地方政府，而地方政府应当通过加大科研补贴、合理配置治污资金、鼓励加大节能减排技术研发力度等措施来支持企业，从而保证政策的顺利实施和最终目标的达成。第三，政府是推广者，应当积极推广节能减排技术，建立企业间节能减排技术合作机制，以增加企业的创新意愿（Jiang et al.，2018），促进产品和服务的创新（Ford et al.，2014）。因此，本章建议建立以下合作机制：在政府的帮助和支持下，多个企业间通过线上平台和形成线下小组的形式进行合作，线上平台可供企业间进行信息交换、技术交流、共享研发成果，平台上也会提供最新的科研资讯以便各企业及时了解技术、产品创新等最新动态，同时企业也可以组成线下合作小组，整合合作企业的人力、物力、财力、知识等资源，进行共同研发；在整个过程中，政府提供一定的资金、渠道以帮助合作机制的成功建立。该合作机制可以促进企业自主创新，不仅可以帮助企业降低研发的风险和成本，也可以达到节能减排的目的。

本 章 小 结

保证经济增长同时尽量减少环境破坏是现代社会所面临的最大挑战之一。为了探讨如何实现经济增长和环境改善的双赢局面，本章从企业绿色创新角度出发，以中国"十一五"规划二氧化硫减排政策为评价对象，研究命令控制型环境规制对于企业绿色创新效率的影响。基于 2002~2017 年中国沪深两市工业行业上市公司数据，本章采用 Super-SBM DEA 方法测算企业绿色创新效率。运用差分法，通过比较政策实施前后、属于不同减排目标省区市和不同污染程度行业企业的绿色创新效率变化来检验该政策是否抑制了企业创新。本章还进行了稳健性检验、异质性分析和机制分析，以验证结果的准确性并丰富研究内容。

通过以上分析发现，"十一五"规划二氧化硫减排政策与工业企业绿色创新效率呈负相关关系，但负面影响持续时间较短；"十一五"规划二氧化硫减排政策对小企业绿色创新效率的抑制作用显著，而对大企业无明显作用，对国有企业绿色创新效率的抑制作用大于非国有企业，对西部和东部企业的绿色创新效率的抑制作用显著而对中部企业无明显作用；"十一五"规划二氧化硫减排政策通过减少企业的现金流量对企业绿色创新效率产生负面作用，而对企业的预期收益无显著作用。

第五章 命令控制型环境规制政策组合下农业污染减排分析：基于异质性视角

第一节 引 言

在广大发展中国家，人口的不断增长以及相应农产品需求的快速上升，导致农业生产持续扩张。据估计，到 21 世纪中叶，发展中国家的农产品需求会上升近 100%（Reganold and Wachter，2016）。然而，农业生产扩张的环境代价是巨大的。对于包括中国在内的许多发展中国家而言，农业生产造成了包括水污染和土壤退化在内的严重的环境问题（Wu et al.，2018b；Tang et al.，2019）。在中国，自 2005 年以来，农业超过工业成为全国最主要的水污染源，产生了全国约 44%的化学需氧量（Li et al.，2017b）。过量农业水污染物（如化学需氧量）的排放，已经成为中国严重水污染问题的重要原因（Tang et al.，2016b；Zhang et al.，2019c）。据估计，中国每年由水污染所引起的经济损失超过 1500 亿元，而由水污染所造成的健康和生命损失也是巨大的（Tang et al.，2016b）。中国农业向亲环境生产方式转型的需求日益迫切。

为了实现农业的可持续发展，发展亲环境农业生产，促进农业绿色转型，中国政府近年来出台了一系列有针对性的政策，并将农业增产增效、减少污染物排放纳入国家发展规划目标中。《中华人民共和国国民经济和社会发展第十三个五年规划纲要》提出，到 2020 年，单位国内生产总值建设用地使用面积比 2015 年下降 20%。《"十三五"节能减排综合工作方案》提出，到 2020 年，全国化学需氧量排放总量比 2015 年下降 10%。此外，中国政府持续强调农业稳产增收、节约资源投入以及提高主要农业区生产效率的重要性。

然而，提高农业生产效率以及节约资源投入是有代价的。通常，在现有生产技术以及可利用资源条件下，生产者需要在增加期望产出（如农产品生产）、减少非期望产出（如化学需氧量排放）以及节约资源投入之间进行权衡（Zhang et al.，2014b；Tang et al.，2016a）。当越多的资源被用作减少污染排放活动时，能用于增加农业产出以及节约耕地投入的资源就越少（Wu et al.，2018a）。污染物的边际减排成本可以利用生产技术前沿函数（如参数型距离函数）求得。它可被理解为机会成本，即为了减少额外一单位污染物排放而舍弃的期望产或增加的投入（Färe et al.，2010；Tang et al.，2019）。利用距离函数估计的全要素效率可以衡量生产过程中资源、经济及环境因素的综合影响，同时也是反映增加期望产出、减少非期望产出以及节约资源投入之间权衡的重要信息（Tang et al.，2016c）。因此，估计边际减排成本和全要素效率可以用于评价农业生产的清洁化和亲环境生产的程度，为政府设计更有效的国内污染减排政策（如排放交易市场以及排放税）提供了重要的基础性参考，因而也被越来越多的学者所关注。

已有文献主要利用 DEA 或参数型距离函数来测算边际减排成本和全要素效率（Zhou et al.，2012；Tang et al.，2016b，2016d；Wu and Ma，2019）。DEA 的主要优点在于在分析中无需设定特定的函数形式。然而，DEA 分析的结果对于异常值较为敏感，且其所表示的生产前沿并非连续可微，因而可能影响估计结果的准确性（Tang et al.，2016d；Molinos-Senante and Sala-Garrido，2017；Yang et al.，2017c）。参数型距离函数克服了这些缺陷，因而被认为更适用于进行相关分析（Yang et al.，2017c）。

已有研究较多使用的参数型距离函数：径向［或谢泼德（Shephard）］距离函数以及方向性产出距离函数（directional output distance function）。参数型方向性产出距离函数描述的是非期望产出与期望产出的非等比活动。与其不同的是，参数型谢泼德产出/投入距离函数描述的是非期望产出与期望产出或投入之间的对称变化。然而，正如 Tang 等（2016c）所指出的，以上这些距离函数具有一个共同的缺陷，即它们不适用于资源投入与非期望产出都面临外部规制的情景。这些距离函数无法处理在增加期望产出的同时减少非期望产出投入的情况。参数型非径向方向性距离函数克服了这些不足，能够用于分析节约资源投入、增加产出以及污染减排同时进行的情景，近年来开始被一些学者所关注（Tang et al.，2016c；Lee and Choi，2018）。然而，鲜有研究运用参数型非径向方向性距离函数分析农业领域的边际减排成本和全要素效率。

中国目前全国性和区域性的环境规制政策主要是基于污染物减排的管

理性目标，属于命令控制型环境规制，其在成本有效性方面可能存在不足（Smith et al.，2017；Tang et al.，2019）。目前，相关部门已经开始着手将命令控制型环境规制朝着市场型环境规制转变，筹划建立一批针对主要污染物（包括化学需氧量）的国内排放权交易市场。然而，排放权交易市场是否比现有的命令控制型环境规制更具有成本有效性，将取决于边际减排成本和全要素效率的区域异质性。中国各区域之间在自然条件、资源禀赋以及社会经济结构方面存在着较大的差异（Wang et al.，2018b）。因此，农业生产、农业化学需氧量减排以及资源投入之间的关系，以及农业亲环境生产的变动情况，可能也存在较大的区域异质性。

许多研究利用参数型距离函数分析了国家或企业层面的边际减排成本和/或全要素效率（Murty et al.，2007；Du et al.，2016；Wang et al.，2016a；Yang et al.，2017c；D'Inverno et al.，2018；Liu and Feng，2018）。然而，农业污染通常产生在广阔的领域，来源具有广泛性和复杂性，排放过程在时间和空间上具有明显的不确定性与随机性，且难以量化，因而相关数据难以获得。由于缺乏相关的污染物排放数据，鲜有研究对农业污染物的区域边际减排成本和全要素效率进行探讨。目前尚无研究运用参数型非径向方向性距离函数来分析发展中国家农业领域的边际减排成本和全要素效率。

此外，现有文献在运用方向性距离函数时，其方向向量的选择较为随意。绝大部分的研究者利用样本均值定义了单一方向，用于分析实际观测值与生产技术前沿之间的关系。然而有学者指出，方向向量的选择可能会影响效率以及污染物边际减排成本的测算（Leleu，2013）。此外，在实践中，方向向量的变化可以表示环境规制政策的不同，反映了对于经济与环境之间关系的认知在政策以及社会方面的差异（Beltrán-Esteve and Picazo-Tadeo，2017）。在不同的经济社会发展阶段，环境规制政策往往也会随之有所变化。因此，有必要在分析中对不同的潜在方向向量进行综合考虑，以增加所分析结果的稳健性。然而，尚无研究在运用方向性距离函数分析农业生产时同时考虑多种方向向量。

本章的贡献主要体现在两个方面。首先，本章运用参数型非径向方向性距离函数，分析了中国农业部门化学需氧量排放的全要素效率和边际减排成本。该距离函数是连续可微的，确保了测算结果的唯一性。此外，该距离函数可用于节约资源投入、增加产出以及污染减排同时进行情况下的效率分析（Tang et al.，2016c；Yang et al.，2017c）。其次，本章在评估农业区域全要素效率和边际减排成本时，考虑了三种潜在的命令控制型环境规制政策组合情景，以探讨环境规制政策选择下评估结果的稳健性。根据 Stigson（2010）所提出的亲环境生产三目标，即"减少资源消耗、减少环境污染、提升产品或服务的价值"，本章考虑了三种可能的政策情景，以三个不同的方向向量来表示，用于评价农业区域全要素效率和边际减排成本。考虑到中国各省区市在自然资源、经济与社会禀赋方面的差异，本章的实证分析将在省区市层面进行。研究结果可为设计、完善和实施有效的农业污染减排政策提供有益参考。

本章其余部分安排如下，第二节介绍了所使用的参数型方法，第三节介绍数据与变量，第四节为实证结果与讨论，第五节为结论与政策建议。

第二节　实证方法

一、参数型非径向方向性距离函数及有关测算

本章利用 Tang 等（2016c）所提出的参数型非径向方向性距离函数法来测算中国农业化学需氧量排放的全要素效率和边际减排成本。该方法考虑的是存在非期望副产品（如本章所讨论的农业化学需氧量排放）情况下的多投入多产出生产过程。参数型非径向方向性距离函数是参数型径向距离函数以及参数型方向性产出距离函数的一般形式。该方法适用于增加期望产出的同时减少污染排放和资源投入情景的相关分析。

农业生产过程可描述为利用投入 $x = (x_1, \cdots, x_m) \in R_+^M$ 来生产农产品 $y = (y_1, \cdots, y_n) \in R_+^N$，同时产生了污染物 $b = (b_1, \cdots, b_j) \in R_+^J$。将 Ψ 定义为

$$\Psi = \{(x, y, b) : x 生产 (y, b)\} \qquad (5\text{-}1)$$

Ψ 是一个生产可行集合，且 Ψ 为封闭有界凸集。Ψ 满足零结合性、农产品与投入的自由处置性以及产出联合处置性。有关这些性质更多的内容，可参见 Färe 等（2016）以及 Tang 等（2016c）。

若方向向量为 $g = (g_x, g_y, g_b) \in R_+^M R_+^N R_+^J$，则非径向方向性距离函数可表示为

$$\vec{D}(x, y, b; g) = \max\{\beta : (x - \beta g_x, y + \beta g_y, b - \beta g_b) \in \Psi, \beta \in R_+\} \qquad (5\text{-}2)$$

式（5-2）描述的是在确定的生产技术条件下，同时增加期望产出和减少污染排放与资源投入的最大幅度。$\vec{D} > 0$ 意味着农业生产还存在着提升效率的空间。$\vec{D}$ 满足 Ψ 的相关理论性质，同时还满足可交换性、同次性、

单调性和可处置性（Chambers et al.，1998）。

利用式（5-2）可进一步推导出农业生产效率。特别地，x_m、y_n 与 b_j 的效率可分别表示为

$$E_{x_m} = \frac{x_m - \vec{D}(x,y,b;g)g_{x_m}}{x_m} \tag{5-3}$$

$$E_{y_n} = \frac{y_n}{y_n + \vec{D}(x,y,b;g)g_{y_n}} \tag{5-4}$$

$$E_{b_j} = \frac{b_j - \vec{D}(x,y,b;g)g_{b_j}}{b_j} \tag{5-5}$$

衡量农业生产中资源、经济与环境综合效率的全要素效率则可表示为

$$\text{TFE} = \frac{1}{m+n+j}\left(\sum_{m=1}^{M} E_{x_m} + \sum_{n=1}^{N} E_{y_n} + \sum_{j=1}^{J} E_{b_j}\right) \tag{5-6}$$

x_m、y_n 与 b_j 的潜在可改善比例分别为 $1-E_{x_m}$、$1-E_{y_n}$ 和 $1-E_{b_j}$。

可利用利润函数推导农业污染物的影子价格。如果已知农产品 n 的市场价格 q_n，那么农业污染物 j 的影子价格可表示为

$$r_j = -q_n \cdot \left(\frac{\dfrac{\partial \vec{D}(x,y,b;-g_x,g_y,-g_b)}{\partial b_j}}{\dfrac{\partial \vec{D}(x,y,b;-g_x,g_y,-g_b)}{\partial y_n}}\right), \quad j=1,\cdots,J \tag{5-7}$$

影子价格的详细推导过程可参见 Tang 等（2016c）。式（5-7）描述了期望产出与非期望产出之间的权衡，所推导出的影子价格可以代表农业污染物的边际减排成本。

本章利用一般二次形式对非径向方向性距离函数进行参数化处理。二次形式较为灵活，可用于建构距离函数的相关性质（Färe et al.，2010）。假设省份 k（$k=1,\cdots,K$）在 t（$t=1,\cdots,T$）年度利用投入 x（$x=(x_1,\cdots,x_m)\in R_+^M$）来生产农产品 y（$y=(y_1,\cdots,y_n)\in R_+^N$），同时产生了污染物 $b=(b_1,\cdots,b_j)\in R_+^J$，则二次型 $\vec{D}$（此处以方向向量 $g=(-1,1,-1)$ 为例）可表示为

$$\vec{D}^t(x_k^t, y_k^t, b_k^t; -1, 1, -1)$$

$$= \alpha_0 + \sum_{m=1}^{M} \alpha_m x_{mk}^t + \sum_{n=1}^{N} \beta_n y_{nk}^t + \sum_{j=1}^{J} \gamma_j b_{jk}^t + \frac{1}{2} \sum_{m=1}^{M} \sum_{m'=1}^{M} \alpha_{mm'} x_{mk}^t x_{m'k}^t$$

$$+ \frac{1}{2} \sum_{n=1}^{N} \sum_{n'=1}^{N} \beta_{nn'} y_{nk}^t y_{n'k}^t + \frac{1}{2} \sum_{j=1}^{J} \sum_{j'=1}^{J} \gamma_{jj'} b_{jk}^t b_{j'k}^t \qquad (5\text{-}8)$$

$$+ \sum_{m=1}^{M} \sum_{n=1}^{N} \delta_{mn} x_{mk}^t y_{nk}^t + \sum_{m=1}^{M} \sum_{j=1}^{J} \eta_{mj} x_{mk}^t b_{jk}^t + \sum_{n=1}^{N} \sum_{j=1}^{J} \mu_{nj} y_{nk}^t b_{jk}^t$$

其中，$\alpha_{mm'} = \alpha_{m'm}$，$m \neq m'$；$\beta_{nn'} = \beta_{n'n}$，$n \neq n'$；$\gamma_{jj'} = \gamma_{j'j}$，$j \neq j'$。

$\vec{D}$ 的参数通常可以使用数学规划方法求出，具体为

$$\min \sum_{t=1}^{T} \sum_{k=1}^{K} \vec{D}^t(x_k^t, y_k^t, b_k^t; -1, 1, -1) \qquad (5\text{-}9)$$

约束条件为技术可行性、单调性、可交换性和对称性，具体参见 Hailu 和 Chambers（2012）。

为了进一步识别应该承担更多的农业化学需氧量减排责任的省区市，本章定义了农业化学需氧量减排的省域综合责任（provincial comprehensive responsibility，PCR）指数，具体为

$$PCR = MAC \cdot E_b \qquad (5\text{-}10)$$

其中，E_b 表示省域农业化学需氧量排放效率。实际上，E_b 反映了农业化学需氧量的减排效率，可以作为衡量亲环境生产行为的一个指标。MAC 为边际减排成本，以平均值进行标准化。边际减排成本越低的省份，其需要减少的农业化学需氧量排放也越多。类似地，农业化学需氧量减排表现越差的省份，其需要减少的农业化学需氧量排放也越多。因此，农业化学需氧量减排省域综合责任指数得分越低的省份，其亲环境生产行为程度也被认为越低，应当减少的农业化学需氧量排放也越多。

二、异质性方向向量

绝大部分已有文献只考虑单一方向向量。与此不同的是，本章构建了异质性的方向向量，以代表不同的政策情景。特别地，本章依据 Stigson（2010）所提出的亲环境生产三目标，分别构建了三个方向向量 $g = (-1, 1, -1)$、$g = (-1, 0, -1)$ 和 $g = (-1, 1, 0)$，代表三种命令控制型环境规制政策组合。依据 Färe 等（2005）所提出的方法，对各方向向量进行单位化处理，以保证参数化过程的简约化。$g = (-1, 1, -1)$ 强调的是同时实现资源投入节约、农业产出增加和污染排放减少。$g = (-1, 0, -1)$ 强调的是在保

持农业产出的情况下，实现资源投入节约和污染排放减少。$g=(-1,1,0)$ 强调的是在不增加污染排放的情况下，实现资源投入节约和农业产出增长。以上异质性的方向向量，代表了侧重点有所不同的命令控制型环境规制政策组合，反映了在不同经济社会发展阶段对于经济与环境之间关系认知的差异。

第三节　数据与变量

考虑到农业部门的生产特点，本章选取了三种投入以及两种产出。投入包括土地、劳动及资本。产出包括一种期望产出，即农业生产总值，以及一种非期望产出，即农业化学需氧量排放。对上述数据进行了省级层面的汇总处理。本章考虑了中国 27 个省区市在 2006~2015 年的数据。受数据可得性限制，港澳台及西藏的数据没有考虑在内。北京、上海和天津三个直辖市的农业产出规模占其整个经济的比重较小，因而三地的数据也未考虑在内。

土地投入以实际耕种面积衡量。劳动投入以年末农业部门从业人员数衡量。上述数据来自历年的《中国农村统计年鉴》。现有年鉴均未提供农业部门资本存量数据，农业资本投入数据采用永续盘存法测算（Tang et al.，2016b）。农业生产总值以 2006 年不变价格表示，数据来自历年的《中国统计年鉴》。现有各类年鉴均未提供省级行政区农业化学需氧量排放数据，本章采用清单法（Tang et al.，2016b）对每一省区的农业化学需氧量排放量进行测算。测算所涉及的相关数据来自历年的《中国农村统计年鉴》、《中国统计年鉴》以及 Lai 等（2004）。所测算的 2006~2015 年农业化学需氧量排放量如表 5-1 所示。

表 5-1　中国省域农业化学需氧量排放量（2006~2015 年）（单位：万 t）

地区	省域	2006 年	2007 年	2008 年	2009 年	2010 年	2011 年	2012 年	2013 年	2014 年	2015 年
东部	河北	121.97	127.09	138.87	147.14	156.28	107.44	106.39	110.33	109.79	121.97
	辽宁	52.92	58.22	64.17	72.91	80.00	75.07	79.82	83.68	87.38	90.98
	江苏	49.68	50.89	51.19	50.50	51.27	47.69	44.51	47.34	50.15	53.20
	浙江	29.26	30.53	32.14	33.01	33.37	32.66	30.35	35.01	34.68	35.31
	福建	32.66	32.23	33.81	36.29	39.24	36.81	33.89	37.73	38.84	39.73
	山东	164.77	173.71	183.37	194.89	210.57	184.95	172.16	182.08	186.67	190.48
	广东	86.15	88.36	92.76	92.76	99.07	90.80	90.87	97.40	101.45	103.65
	海南	6.33	6.89	8.04	8.85	9.17	7.82	8.32	9.23	9.94	10.25

续表

地区	省域	2006年	2007年	2008年	2009年	2010年	2011年	2012年	2013年	2014年	2015年
中部	山西	12.73	12.94	13.10	13.24	13.44	10.33	10.66	11.84	12.83	13.32
	吉林	46.53	46.30	49.81	51.55	54.51	50.76	50.56	45.91	47.89	49.67
	黑龙江	29.97	33.41	34.48	37.19	38.30	37.75	37.08	38.86	42.84	45.60
	安徽	70.44	76.42	77.55	79.25	78.55	63.59	64.31	67.71	71.15	73.87
	江西	49.31	49.27	49.28	55.08	60.21	56.40	58.58	67.27	70.61	73.69
	河南	147.11	154.77	162.10	171.18	180.87	158.80	150.05	158.36	163.90	167.79
	湖北	56.42	59.70	63.71	66.46	71.23	65.56	66.80	73.22	78.40	81.10
	湖南	112.75	118.01	124.24	128.45	130.26	106.75	103.29	109.31	116.98	121.44
西部	内蒙古	26.08	23.68	25.93	31.48	36.19	35.45	35.67	38.72	41.38	42.95
	广西	58.24	57.76	57.62	58.20	68.05	71.96	71.83	76.55	81.03	84.14
	重庆	22.73	23.66	24.83	26.47	27.82	22.85	23.73	26.05	27.95	28.67
	四川	112.67	118.36	122.00	127.64	138.33	133.06	124.11	130.68	137.42	141.92
	贵州	18.38	19.98	22.39	22.86	25.29	23.76	22.80	24.88	26.07	27.38
	云南	35.17	37.91	40.75	44.48	47.54	48.41	47.87	50.85	53.82	56.69
	陕西	15.44	16.32	17.53	19.23	19.84	17.49	17.27	17.98	18.20	18.52
	甘肃	14.86	15.46	16.89	17.24	18.86	18.99	19.50	19.72	20.83	21.84
	青海	13.14	13.40	13.74	14.36	14.38	16.00	13.69	13.93	14.15	14.43
	宁夏	3.24	3.90	4.86	5.05	5.47	4.95	5.44	5.68	6.07	6.15
	新疆	25.91	28.11	30.75	34.12	39.21	30.98	29.96	31.08	31.48	32.53

表 5-2 概括了全国以及东部、中部、西部地区投入与产出情况。总体而言，东部地区在资本投入、农业总产值以及农业化学需氧量排放方面要明显高于其他地区。中部地区在土地及劳动投入方面要明显高于其他地区。

表 5-2　变量描述性统计（2006~2015 年）

地区	资源投入			农业产出	污染物
	土地 /千 ha	劳动 /万人	资本 /亿元	农业总产值 /亿元	农业化学需 氧量排放量/万 t
全国	5413 （3090）	876 （573）	3576 （2775）	1575 （852）	59.0 （47.4）
东部	4943 （3132）	861 （477）	5173 （3159）	2279 （1190）	75.5 （54.8）

地区	资源投入			农业产出	污染物
	土地 /千 ha	劳动 /万人	资本 /亿元	农业总产值 /亿元	农业化学需 氧量排放量/万 t
中部	7304 (2904)	989 (660)	3876 (2749)	1674 (945)	67.9 (43.9)
西部	4086 (2310)	786 (547)	2029 (1270)	924 (747)	37.9 (35.3)

注：表中各变量数据均为年度均值。括号中数字为标准差。资本与农业总产值均以 2006 年不变价格计算

第四节　实证结果与讨论

借鉴 Färe 等（2005）所提出的处理方法，分析前对所使用数据均进行均值标准化处理。经标准化处理后，通过求解式（5-9）得出 $\vec{D}$ 的参数，具体求解使用 R 软件中的 aPEAR1.1 程序包完成。

一、中国农业部门的全要素效率

图 5-1 展示了 2006~2015 年考虑不同方向向量的中国农业部门年均全要素效率。样本期内三个方向向量$(-1, 1, -1)$、$(-1, 0, -1)$ 和 $(-1, 1, 0)$所对应的全要素效率均值分别为 0.748、0.629 和 0.717。所测算的结果表现出三个方面的特征。首先，当方向向量涵盖所有的投入和产出时，效率测算值更高。其次，方向向量$(-1, 1, -1)$ 和 $(-1, 1, 0)$所对应的全要素效率曲线在研究时期内呈现出一定的波动，但变化幅度较小；而方向向量$(-1, 0, -1)$所对应的全要素效率曲线在研究时期内呈现出波动上升趋势。在 2006 年，三个方向向量$(-1, 1, -1)$、$(-1, 0, -1)$ 和$(-1, 1, 0)$所对应的全要素效率值分别为 0.705、0.511 和 0.695；而在 2015 年，三者分别为 0.747、0.625 和 0.703。上述结果说明，在 2006~2015 年，即使综合考虑了资源投入消耗、农业总产出及环境方面的因素，中国农业部门的生产效率也未显著提升。

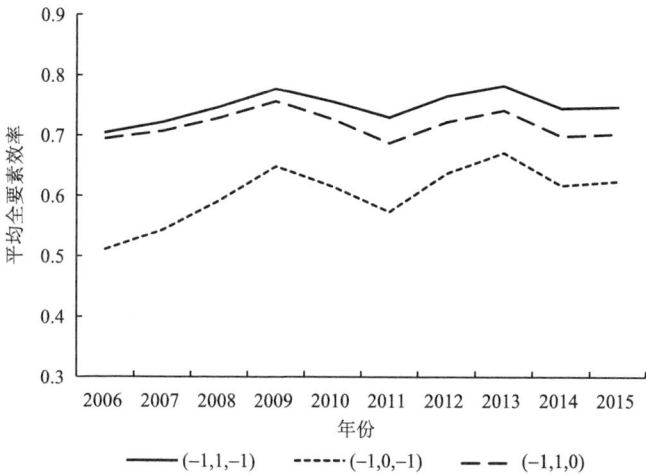

图 5-1　2006~2015 年中国农业部门年均全要素效率

图 5-2 展示了考虑不同方向向量的中国农业部门省域全要素效率，各省区市按照(–1, 1, –1)情况下的各自全要素效率值进行升序排位。所选择的方向向量涵盖了多种潜在的政策情景，代表了政府可能采用的异质性命令控制型环境规制政策组合，本章利用的不同方向向量所测算出的全要素效率的最低值和最高值，可以理解为全要素效率的下限和上限。在大多数情况下，全要素效率的下限和上限分别出现在方向向量(–1, 0, –1)和(–1, 1, –1)所对应的情景中。然而，在吉林、辽宁、湖北和山东，全要素

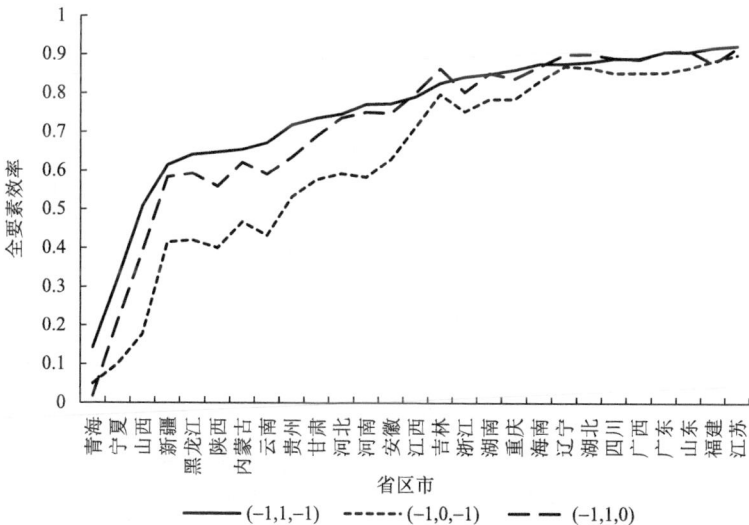

图 5-2　2006~2015 年中国农业部门省域全要素效率

效率的最高值出现在强调同时减少资源消耗和增加农业产出的命令控制型环境规制政策组合情况下。上述结果表明，即便从整体上来看，全要素效率的测算结果在异质性方向向量情况下是稳健的，但个别省区市的测算结果可能会受到方向向量选择的影响。因此，本章选择用三个方向向量对应测算结果的平均值来评价区域农业亲环境生产情况。

总体上，2006~2015 年全国农业生产的资本、劳动与土地利用效率平均值分别为 0.761、0.455 和 0.666。农业总产出和化学需氧量排放效率分别为 0.794 和 0.8。这意味着，如果所有的省区市的农业生产完全有效，则中国农业部门的土地利用可节约 33.4%，化学需氧量排放可减少 20%，而农业总产出可增加 20.6%。

2006~2015 年全国农业生产的全要素效率平均值为 0.689。其中，西部地区为 0.512，中部地区为 0.671，东部地区为 0.853。总体上来看，东部沿海地区各省区市在农业生产全要素效率方面要远优于西部内陆省区市。江苏的得分全国最高，为 0.914，其后为福建和山东。青海、宁夏和山西得分较低，平均值均低于 0.4。这意味着，如果这三个内陆省区的农业生产实现完全有效，则三省区的全要素效率可以提高超过 60%。其中，青海农业生产的全要素效率最低，平均值仅为 0.07。

二、农业化学需氧量排放的边际减排成本

图 5-3 展示了 2006~2015 年考虑不同方向向量的中国农业部门年均化学需氧量排放边际减排成本。样本期内，(–1, 1, –1)、(–1, 1, 0) 和 (–1, 0, –1)三个方向向量所对应的全国农业化学需氧量排放边际减排成本分别为 7023 元/t、11 613 元/t 和 16 284 元/t，平均为 11 640 元/t。由图 5-3 可知，三个方向向量所对应的农业化学需氧量排放边际减排成本均呈上升趋势。

进一步分析异质性方向向量所对应的农业化学需氧量排放边际减排成本之间的相关关系，结果显示，方向向量为(–1, 1, –1)情况下的边际减排成本与(–1, 0, –1)情况下的边际减排成本之间的相关系数值为 0.59，而另外两组的相关系数值分别为 0.559 [(–1, 1, –1) 和 (–1, 1, 0)] 和 0.527 [(–1, 1, 0) 和 (–1, 0, –1)]。这意味着方向向量的选择，即命令控制型环境规制政策组合的选择，在一定程度上会影响边际减排成本的测算结果。为了进一步提升分析结果的稳健性，可将不同方向向量情况下测算出的边际减排成本的最低值和最高值分别作为边际减排成本的下限和上限。

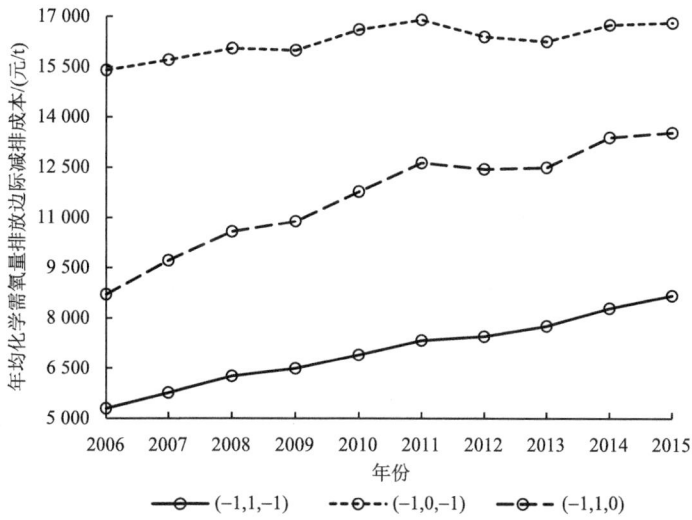

图 5-3 2006~2015 年中国农业化学需氧量排放年均边际减排成本

图 5-4 展示了考虑不同方向向量下的各省区市农业化学需氧量排放边
际减排成本，各省区市按照(-1, 1, -1)情况下各自边际减排成本进行升序
排位。结果显示，中国农业化学需氧量排放边际减排成本存在明显的区域
异质性。在大多数情况下，边际减排成本的下限和上限分别出现在方向向量
(-1, 1, -1)和(-1, 0, -1)所对应的情景中。然而，对于河南和四川，边际减

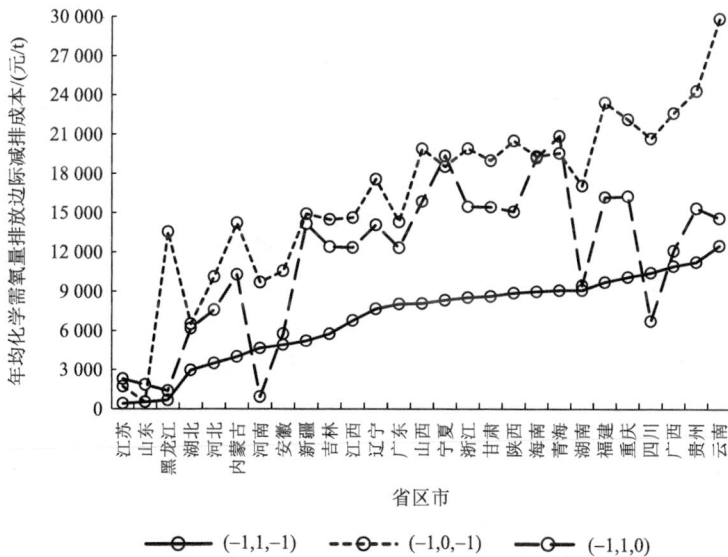

图 5-4 2006~2015 年中国省域农业化学需氧量排放边际减排成本

排成本的最低值出现在强调同时减少资源消耗和增加农业产出的命令控制型环境规制政策组合情况下。对于江苏、山东和宁夏，相同的命令控制型环境规制政策组合会导致边际减排成本的最高值。由此可见，方向向量的选择很可能会影响边际减排成本的估计值，盲目选择方向向量进行分析可能会错估实现低成本减排的潜力。因此，本章使用三个方向向量对应测算结果的平均值来讨论区域减排成本情况。

从全国来看，山东的边际减排成本最低，为 981 元/t，其次为江苏（1475 元/t）。云南和贵州的边际减排成本最高，分别为 18 976 元/t 和 16 968 元/t。平均而言，东部地区农业化学需氧量排放的边际减排成本要低于西部地区，说明东部地区能以相对较低的成本来减少农业化学需氧量排放。

农业化学需氧量排放边际减排成本存在明显的区域异质性，其可能的原因有以下几点。

第一，本章所讨论的边际减排成本可以理解为减排的机会成本，反映了农业产出与污染物排放之间的取舍（Murty et al.，2007）。因此，边际减排成本体现了农业生产者为减少额外一单位农业化学需氧量排放，其舍弃的农业产出的价值。西部地区农业生产相对落后，农户更关注扩大农业产出以增加收入，而对污染减排关注较少（Tang et al.，2016b）。与东部地区农户相比，西部地区农户可能需要为减少额外一单位化学需氧量排放而舍弃更多的农业产出。因此，西部地区的边际减排成本值要高于东部地区。

第二，与东部地区相比，西部地区许多内陆省份的气候和自然条件较为不利于农业生产。例如，在云南、贵州和青海，区域内山地较多，优质可耕地资源较为缺乏，降水的时空分布不均（Verburg and Chen，2000）。这些省份的许多区域气候条件恶劣，不利于作物生长。在东部地区，当地气候条件适宜发展农业。在江苏和山东等省份，温度适宜，土壤肥沃，有利于作物生长。此外，东部地区与西部地区相比，其地势较为平坦，交通便利，适宜进行现代化耕种。对于西部地区农户而言，其实现农业化学需氧量减排的难度要远高于东部地区农户，因为其减排的机会成本更高。

第三，东部地区农民平均受教育程度要高于西部地区农民。例如，《中国统计年鉴》的数据显示，东部地区农民完成高中教育的比重要比西部地区农民高出 10%。对于受教育程度更高的农民而言，他们可能更乐于在农业生产过程中运用亲环境生产技术，其掌握与运用亲环境生产技术的难度也更低，因而也能够更有效且更容易地减少农业化学需氧量排放，减排的机会成本也更低。因此，东部地区农业化学需氧量排放的边际减排成本要低于西部地区。

三、进一步讨论

1. 与已有研究的比较

将本章农业化学需氧量排放边际减排成本的分析结果与已有研究的结论进行比较。考虑到分析的便捷性，使用三个方向向量对应测算结果的平均值来讨论。汪慧玲等（2014）考察了中国 30 个省区市 2000~2010 年农业化学需氧量排放的平均边际减排成本。以 2006 年不变价格计算，其所估计的结果为 7000 元/t。Tang 等（2016b）测算了 2001~2010 年中国 26 个省区市的农业化学需氧量排放平均边际减排成本。以 2006 年不变价格计算，其所估计的结果为 8934 元/t。本章所测算的结果为 11 640 元/t，高于上述分析结果。

造成边际减排成本测算结果不同的可能原因包括所考察数据的差异。此外，所选择的方向性距离函数的差异也可能导致分析结果有所不同。汪慧玲等（2014）和 Tang 等（2016b）都使用了方向性产出距离函数，其强调的是在不增加资源投入的情况下实现农业产出增长和污染物排放减少这一单一政策情景。本章所采用的方向性距离函数刻画了在增加期望产出的同时减少污染排放和资源投入的生产技术特征，涵盖三种异质性政策情景。多种方向向量和政策情景能够潜在地避免特例引起的分析结果偏差，因此提升了分析结果的稳健性。所以，上述研究可能低估了中国农业化学需氧量排放的平均边际减排成本。

本章进一步将分析结果与中国其他经济部门的化学需氧量排放边际减排成本进行比较。如表 5-3 所示，本章所测算的结果要高于一些工业部门的边际减排成本，但远低于制糖和造纸部门。

表 5-3　中国不同经济部门化学需氧量排放的边际减排成本比较（基于 2006 年不变价格）

文献	样本	研究时间	使用方法	平均边际减排成本/（元/t）
Zhou（2012）	378 家污水处理厂	2007 年	参数型方向性产出距离函数	9 200
Zhu（2013）	东莞 35 家造纸厂	2004~2008 年	参数型方向性产出距离函数	59 269
茹蕾和司伟（2015）	广西 79 家制糖企业	2007~2012 年	参数型方向性产出距离函数	53 260

文献	样本	研究时间	使用方法	平均边际减排成本/（元/t）
Wang 等（2015c）	30 个省区市的工业部门	2009~2010 年	SBM-DEA	7 489
Zhang 和 Yu（2016）	30 个省区市	2001~2010 年	SBM-DEA	2 023
本章	27 个省区市农业部门	2006~2015 年	参数型方向性距离函数（异质性方向向量）	11 640

注：所有的边际减排成本结果为利用消费价格指数（consumer price index，CPI）转换成以 2006 年不变价格计算得出（http://fxtop.com/cn/inflation-calculator.php）

　　研究方法的不同可能会导致结果的差异。此外，造纸和制糖部门是中国重要的化学需氧量排放源（Wang et al.，2018a）。自 20 世纪 90 年代开始，造纸和制糖部门一直是中国日趋严格的命令控制型环境规制的重点目标（茹蕾和司伟，2015；Wang et al.，2018a），造纸和制糖部门的亲环境生产程度得到较大提升。这也意味着，进一步减少造纸和制糖部门的化学需氧量排放，可能要比包括农业在内的其他经济部门更加困难。本章所讨论的边际减排成本的本质为减排的机会成本，因此造纸和制糖企业的边际减排成本也更高。在全国性的化学需氧量减排机制中，让边际减排成本较低的部门承担更多的减排量，可以提升整体减排效率（Tang et al.，2016b）。考虑到农业部门化学需氧量减排的潜力较大，结合本章的分析结果可以看出，在减少化学需氧量排放方面，农业部门比制糖和造纸部门更具成本有效性方面的优势。

　　将本章边际减排成本的测算结果与中国排放权交易市场上化学需氧量的近期交易价格进行比较。近年来，中国在一些地区（如江苏、陕西、山西等省和杭州市）进行了区域化学需氧量排放交易试点。试点交易中绝大多数的交易价格超过 20 000 元/t，远高于本章的测算结果。这意味着，农业生产者可以通过出售化学需氧量排放配额给那些边际减排成本较高的生产者来赚取额外利润，化学需氧量减排的整体社会成本也将进一步降低。然而，值得注意的是，边际减排成本其本质为减排的机会成本，化学需氧量排放配额的交易价格反映的是供求关系，因此其在短期内可能会高于实际减排成本。

2. 农业化学需氧量减排省域综合责任

　　本章在式（5-10）的基础上，分析了农业化学需氧量减排省域综合责

任。2006~2015 年三种命令控制型环境规制政策组合情景下指数的平均值
结果如表 5-4 所示，结果以平均值的升序进行排列。

表5-4　农业化学需氧量减排省域综合责任指数平均值

省区市	平均值	省区市	平均值
宁夏	0.136	甘肃	0.945
山西	0.199	贵州	0.954
黑龙江	0.458	江西	0.996
山东	0.463	吉林	1.011
江苏	0.481	湖南	1.091
陕西	0.602	广东	1.111
河南	0.635	浙江	1.128
内蒙古	0.678	四川	1.159
湖北	0.704	辽宁	1.178
安徽	0.715	重庆	1.285
河北	0.719	海南	1.286
青海	0.724	广西	1.303
新疆	0.760	福建	1.349
云南	0.936		

可以看出，平均值最低的 10 个省区市中除了山东和江苏，其他均位于
中西部地区。这意味着，相比其他省区市，这些省区市应当承担更多的农
业化学需氧量减排。其中，山东和江苏主要是因为其较低的边际减排成本，
这也说明其农业化学需氧量减排活动具有成本上的比较优势。另外，平均
值最高的 5 个省市中除了重庆，其余均位于沿海地区。这表明这些地区在
短期内继续减少农业化学需氧量排放的难度相对较高。总体上看，以上结
果可以为相关部门制定和实施有效的区域农业化学需氧量减排环境规制政
策提供具有针对性的参考。

第五节　结论与政策建议

本章运用参数型非径向方向性距离函数，分析了在异质性命令控制型
环境规制政策组合下，中国 27 个省区市在 2006~2015 年农业化学需氧量

排放的全要素效率和边际减排成本。在分析过程中，考虑了三种潜在的命令控制型环境规制政策组合情景，分别强调资源投入节约、农业产出增加和污染排放减少同时进行，在保持农业产出的情况下实现资源投入节约和污染排放减少，以及在不增加污染排放的情况下实现资源投入节约和农业产出增长。三种命令控制型环境规制政策组合分别以三个不同的方向向量来表示，以探讨环境规制政策组合选择下评估结果的稳健性。代表了不同的命令控制型环境规制政策组合的异质性方向向量，反映了在不同经济社会发展阶段对于经济与环境之间关系认知的差异。

分析结果显示，在 2006~2015 年，在综合考虑了资源投入消耗、农业总产出以及环境方面因素的情况下，中国农业部门的生产效率并没有出现显著提升。总体上来看，东部沿海地区各省区市在农业生产全要素效率方面要远优于西部内陆省区市。样本期内，$(-1, 1, -1)$、$(-1, 1, 0)$ 和 $(-1, 0, -1)$ 三个方向向量所对应的全国农业化学需氧量排放边际减排成本分别为 7023 元/t、11 613 元/t 和 16 284 元/t，平均为 11 640 元/t。三个方向向量所对应的农业化学需氧量排放边际减排成本均呈上升趋势。平均而言，东部地区农业化学需氧量排放的边际减排成本要低于西部地区，说明东部地区能以相对较低的成本来减少农业化学需氧量排放。

总体上，以上分析结果说明中国的农业生产可以实现节约资源投入、增加农业产出和减少污染排放"三赢"。为此，有关部门应当为农业生产者提供必要的亲环境生产技术以及财政支持，特别是为西部地区绿色农业生产提供更多帮扶，以促进实现农业"三赢"。此外，分析结果也显示，与其他一些经济部门相比，农业在减少化学需氧量排放方面更具成本有效性方面的优势。有关部门应当考虑为中西部地区的农业生产者提供相应的政策支持，以促进其进一步减少农业生产过程中的化学需氧量排放，从而有效减少农业生产绿色转型的成本。

本 章 小 结

对于包括中国在内的许多发展中国家而言，农业生产造成了包括过量化学需氧量排放在内的严重的环境问题。然而，鲜有研究分析了发展中国家农业领域全要素效率和污染物排放的边际减排成本。尚无研究在运用方向性距离函数分析农业生产时同时考虑多种方向向量。本章分析了在异质性命令控制型环境规制政策组合下中国 27 个省区市 2006~2015 年农业化学需氧量排放的全要素效率和边际减排成本。在分析过程中，考虑了三种潜在的命令控制型环境规制政策组合情景，分别以三个不同的方向向量来表示。研究结果显示，在综合考虑了资源投入消耗、农业总产出以及环境方面因素的情况下，中国农业部门的生产效率并没有出现显著提升。总体上来看，东部沿海地区各省区市在农业生产全要素效率方面要远优于西部内陆省区市。不同命令控制型环境规制政策组合下全国农业化学需氧量排放边际减排成本平均为 11 640 元/t。此外，三类命令控制型环境规制政策组合所对应的边际减排成本均呈上升趋势。农业化学需氧量排放的边际减排成本具有明显的区域异质性特征，东部地区农业化学需氧量排放的边际减排成本要低于西部地区。总体上，本章分析结果说明中国的农业生产可以实现节约资源投入、增加农业产出和减少污染排放"三赢"，农业在减少化学需氧量排放方面具有一定的成本有效性优势。

第六章　市场型环境规制对工业绿色创新的影响

第一节　引　　言

全球变暖问题已经引起了全世界的广泛关注（Wang et al.，2016b）。全球气候变化已经且正在对环境、经济活动与人类健康产生显著影响（van Vliet et al.，2013；Hasegawa et al.，2016；Tang et al.，2018）。目前，由能源消耗所引起的过量温室气体（如二氧化碳）排放被认为是引起全球变暖的主要原因（Wang et al.，2017b；Li et al.，2018a；Wu et al.，2019a）。

为了有效应对气候变化，中国已经承诺实现碳达峰。作为一个人口超过 14 亿的发展中国家，中国在尚未完全实现现代化的情况下要实现碳达峰目标，面临巨大挑战。中国是世界上最大的能源消耗国，2019 年能源消耗总量为 49.6 亿 t 标准煤，其中煤炭消费量占比为 57.7%。同时，中国也是全球最大的二氧化碳排放国，2019 年排放量占全球比重达 28.8%。2019 年能源消费、碳排放分别比 2006 年提高了 69.7% 和 47.2%，能源需求和排放量仍处于"双上升"阶段。

中国的碳排放工业大部分来自第二产业，我国第二产业能源消费占全国能源消费总量 70% 左右[①]。从能源消耗方面来看，以煤为主的能源结构和较低的能源利用率导致工业能源强度大。从技术创新方面来看，部分工业部门存在创新意识、技术水平、管理效率不高以及生产工艺落后的问题，技术水平直接影响能源利用率、原材料的投入量和废弃物的处理，管理水平与污染排放负相关，而生产工艺与资源的消耗和利用密切相关。从产业

[①] 《做好能源利用方式根本转变大文章》，http://theory.people.com.cn/n1/2022/1012/c40531-32543552.html，2022 年 10 月 12 日。

结构方面来看，工业内部结构不合理，碳排放行业集中度较高。由于能源、创新技术及生产结构三方面的原因，中国工业能源消耗和碳排放量居高不下。

已有研究认为，为了实现碳达峰和碳中和目标，中国需要实现生产内容和生产方式的转型，特别是将具有高投资、高消耗、高污染特点的工业生产转变为绿色、低碳、可持续的亲环境生产（Yang et al.，2017c；Zhang et al.，2018a；Wu and Ma，2019；Tang et al.，2020a）。其中的关键在于促进工业部门的绿色创新（Qiu et al.，2020；Tang et al.，2020b）。

绿色创新是许多学者研究和关注的对象，是行业同时改善环境、社会和财务表现的关键因素，也是行业和国家获得可持续竞争优势的一项重要能力。随着中国经济步入新常态，在经济增速放缓并面临资源和环境约束的情况下，仅仅关注环境规制的治污减排效果是远远不够的，考虑环境规制政策实施后对中国经济发展动力的影响十分必要。中国经济的长期高质量发展势必要依靠中国的绿色创新能力。因此，为了实现环境改善和经济增长的双赢局面，必须考虑环境规制对行业绿色创新的影响，从而为政府今后政策的制定提供指导和建议。

探讨环境规制对绿色创新的影响需要定量衡量绿色创新。在绿色创新度量指标方面，已有文献主要分为三类：第一类通过创新投入的角度来衡量，使用研发经费支出（Chakraborty and Chatterjee，2017；Fernández et al.，2018；You et al.，2019）、研发密度（研发支出/总资产）（Li and Lu，2018）和人均研发投入（Yuan and Xiang，2018；陈诗一和陈登科，2018）等指标。第二类从创新产出的角度来衡量，使用专利数量（王班班和齐绍洲，2016；刘章生等，2017；Feng et al.，2019）等指标。第三类从创新投入和产出角度来衡量，使用研发强度（Costa-Campi et al.，2014；Jin et al.，2019；安同良等，2020）和碳生产率（Zhang et al.，2018b）等指标。

前两类指标虽然都能够在一定程度上反映绿色创新行为，但都存在着将投入与产出分离的缺陷。创新行为本质上包含复杂的投入产出过程，只有同时考虑投入和产出两个阶段才能全面衡量企业创新行为（Kontolaimou et al.，2016）。第三类指标中，比值型指数涉及投入和产出两个角度，定义简单且易于计算（Zhang et al.，2017；王锋正等，2018）。然而，研发强度没有考虑其他要素的贡献和多元化的产出，也没有考虑到污染物排放等非期望产出。

碳生产率指的是在一段时期内 GDP 与同期二氧化碳排放量之比，等于单位 GDP 二氧化碳排放强度的倒数，反映了单位二氧化碳排放所产生的经济效益（滕泽伟等，2017；Li and Wang，2019）。碳生产率既考虑了投入和产出两方面的内容，还考虑到生产活动对环境的影响，能够较为全面地反映绿色创新过程，将创新与环境规制的影响联系起来，相较其他几种指标较为合理。已有研究已将其用于评价环境规制对于生产力的影响（Ekins et al.，2012）以及一个地区或者多行业的排放效率（Shao et al.，2019）。

为了实现碳减排承诺，中国需要进一步提高碳生产率。2011 年，国家发展和改革委员会选定在北京、天津、上海、重庆、湖北、广东、深圳七个地方进行碳排放权交易试点工作。2013 年 6 月 18 日至 2014 年 6 月 19 日，一年时间内七个试点陆续启动并运行。碳排放权交易是指以控制温室气体排放为目的，以温室气体排放配额或温室气体减排信用为标的物所进行的市场交易。温室气体交易多以每吨二氧化碳当量（tCO2e）为计量单位，统称为碳排放权交易①。这些碳排放权交易试点采用了以排放强度为基础的设计，而不是绝对排放限额。以强度为基础的碳排放权交易系统在英国早期的碳交易体系和加拿大阿尔伯塔等地区也得到采用，这种方式比较能兼顾中国经济增长和碳减排的双重需求。初期阶段，参与全国碳排放权交易系统的主要是电力部门的2000多家重点排放单位。电力部门约占中国总排放量的30%，之后，水泥、钢铁、铝业、化工和石化等行业被逐步纳入。截至 2021 年 2 月 28 日，以上碳排放权交易覆盖约 3000 家企业，累计成交量超过 4 亿 t（图 6-1），累计成交额超过 103 亿元②。

中国最初制定碳排放权交易机制是为了支撑国家和省级碳强度目标的实现，这与国家承诺和其他支撑政策一致。在"十二五"规划中，碳强度目标与能源强度目标一同引入，以支撑碳达峰碳中和承诺的落实。长期以来，中国五年规划中的能源强度目标从"十一五"规划（2006~2010 年）开始才被视为具有约束力。尤其是"十一五"末为实现"强制性"能源强度下降目标而展开的一场代价高昂的争夺，在目标灵活性上有待改善。中央将国家目标分解到省级和省级以下行政部门，以实现公平分配的目标。总体上，与较发达的东部地区相比，欠发达的西部地区面临的目标不那么严格。

---

① 二氧化碳（CO2）、甲烷（CH4）、氧化亚氮（N2O）、氢氟碳化物（HFCs）、全氟碳化物（PFCs）及六氟化硫（SF6）为《联合国气候变化框架公约》纳入的六种要求减排的温室气体，其中后三类气体造成温室效应的能力最强，但对全球升温的贡献百分比来说，二氧化碳含量较多，其所占的比例也最大，约为25%。所以，温室气体交易往往统称为碳排放权交易。

② 《生态环境部："十三五"应对气候变化工作成效显著》，https://www.ndrc.gov.cn/xwdt/ztzl/2021qgjnxcz/bmjncx/202108/t20210827_1294892.html?code，2021 年 8 月 27 日。

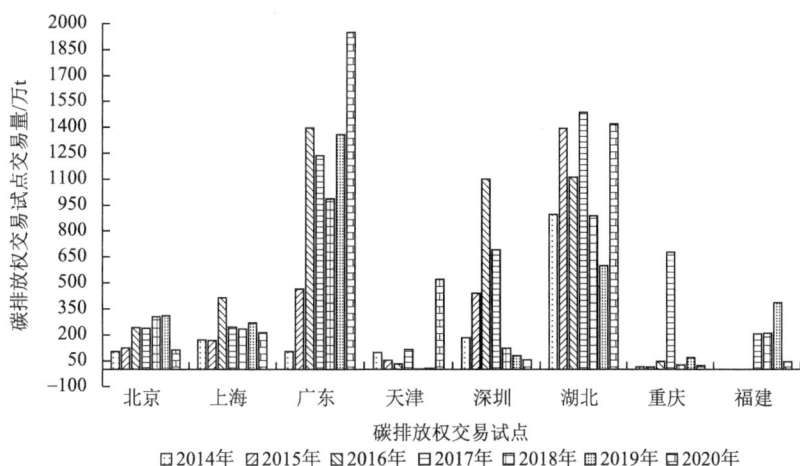

图 6-1　碳排放权交易试点交易量情况

福建不属于第一批试点地区，其碳排放权交易试点开始于 2016 年 12 月

　　碳排放权交易是一种典型的市场型环境规制。本着"谁污染谁付费"的原则，要想排放温室气体，那么就应该首先获得排放的权利，然后再为这个权利支付费用，这个过程称为碳定价。碳定价机制一般分为两种。一种是政府强制型手段，就是开征碳税；另一种是通过市场手段，也就是建立碳排放权交易体系①。碳排放权交易的核心是将环境"成本化"，借助市场力量将环境转化为一种有偿使用的生产要素，将碳排放权这种有价值的资产作为商品在市场上交易。政府利用市场信号（碳排放权交易价格）推动企业行动，鼓励污染者实施降低污染水平的措施（Cheng et al.，2018）。市场型环境规制通过环境经济手段，在排污者之间有效地分配污染排放削减量及治污项目投资等，从而降低社会污染控制费用。以碳排放权交易市场为例，碳排放配额一般分为直接发放和有偿发放两部分，前者多依据排污者历史年度上一年度含碳能源消耗导致的占比情况来确定，后者则由排污者实行有偿竞买。排放量超过配额的排污者需在碳排放权交易市场上购买配额，排放量低于配额的排污者则通过卖出配额获得收益。由此可见，市场型环境规制的优点在于经济主体可以根据自己的情况采取相应的措施，有自主选择权，能够有效地激发排污者适用适宜的污染控制工艺。

　　已有研究表明，碳排放权交易可以促进碳减排（Dong et al.，2019；

---

① 《全国碳交易系统即将上线！这是你需要知道的一切》，https://wallstreetcn.com/articles/3631294，2021 年 7 月 14 日。

Zhang et al.，2019a），降低碳排放强度（Zhou et al.，2019；Wang et al.，2019a）。总体而言，已有研究还存在以下不足。首先，分析中国碳排放权交易试点对于以碳生产率进行衡量的绿色创新的影响以及机制的研究还较少。其次，已有研究大多使用涵盖整个地区的省级数据或者包括所有行业的产业数据，这人为地放大了中国碳排放权交易试点的覆盖范围，影响了所估计政策效果的准确性。最后，大部分研究使用了 DID 及 PSM-DID，无法剔除掉其他政策对于碳排放的潜在影响。

那么，中国新近进行的碳排放权交易试点能够促进绿色创新水平（以碳生产率衡量）的提升吗？碳排放权交易试点对绿色创新水平的影响存在区域与行业异质性吗？为了回答这些问题，本章利用 DDD，基于反映碳排放权交易试点实际覆盖范围的省域行业数据，分析中国碳排放权交易试点对于省域工业碳生产率的影响，实证评估了中国碳排放权交易试点对于绿色创新的影响及机制。进一步地，本章还探讨碳排放权交易试点影响在区域和产业层面的异质性，以及中介效应。

本章可能的贡献有以下几个方面。第一，本章实证评估碳排放权交易试点对于绿色创新的影响，这是对已有碳排放权交易相关文献的有益补充。考虑到中国的碳排放权交易试点仅涵盖部分高耗能行业，本章采用省域工业数据，以与碳排放权交易试点涵盖范围保持一致，确保实证结果的准确性和合理性。第二，为了避免其他政策的潜在干扰，本章采用 DDD 进行分析。此外，本章还进一步讨论对于不同试点区域和行业影响的异质性，为实施差异化的市场型环境规制政策提供实证参考。第三，本章分析碳排放权交易试点对于绿色创新的影响的中介效应。这将为更好地推行全国碳排放权交易提供政策依据，也为其他发展中国家设计和筹划碳排放权交易提供经验参考。

第二节　研究方法与数据

一、研究方法

1. DDD 模型

DID 模型是一种近年来被广泛运用于政策有效性评估的实证方法。然而，许多易于混淆的因素，如区域异质性以及其他规制政策等，其所产生的影响很难被 DID 所剔除，故而可能影响评估结果的准确性（Hoque and Mu，2019；Lichtman-Sadot，2019）。因此，本章采用了 DDD 来克服以上不足（Shi and Xu，2018；Shao et al.，2019）。具体而言，本章首先以中国碳排放权交易试点所涵盖的行业为基准，将试点区域的这些行业作为第一实验组，而将非试点区域的这些行业作为第一对照组。然后，以碳排放权交易试点尚未覆盖的其他行业为基准，将试点区域的其他行业作为第二实验组，而将非试点区域的其他行业作为第二对照组。非试点行业不会受到碳排放权交易试点的影响，这样的处理能够剔除其他易混淆因素的干扰，并且能够进一步剥离出碳排放权交易试点的净效应（Cai et al.，2016a；Shi et al.，2018）。本章所使用的 DDD 模型为

$$\ln Y_{ijt} = \beta_0 + \beta_1 \text{time} \cdot \text{treat} \cdot \text{group} + \lambda X + \gamma_{it} + \eta_{tj} + \varepsilon_{ijt} \qquad (6\text{-}1)$$

其中，Y_{ijt} 表示因变量，代表位于 i 地区的工业行业 j 在 t 年度的碳生产率，其对数值可以用来观测相对变化；time 表示一个年份的哑变量，在碳排放权交易试点开始以后的年份（即 2013 年以后）取值为 1，否则取值为 0；treat 表示一个区域的哑变量，所在区域已实行交易试点则取值为 1，否则取值为 0；group 表示另外一个哑变量，若工业行业 j 被交易试点所涵盖则取值为 1，否则取值为 0；X 表示一系列的控制变量；γ_{it} 表示省份-年份固定效应，而 η_{tj} 表示行业-年份固定效应；β_1 表示碳排放权交易试点对于所覆盖工业行业碳生产率的影响相对于非覆盖行业的变化程度；ε_{ijt} 表示随机误差项。

2. 区域 DDD 模型

为了进一步厘清碳排放权交易试点影响的区域异质性，本章选择引入一个区域哑变量 province。当研究区域属于碳排放权交易试点区域时，该变量取值为 1，否则取值为 0。该变量与 time·group 一起构成的三重项，可用于识别试点区域与非试点区域之间政策效应的不同。所建立的区域 DDD 模型如公式（6-2）所示。其他变量的定义与公式（6-1）中各变量的定义相同。β_2 的变化表示不同试点区域之间政策效应的差异。

$$\ln Y_{ijt} = \beta_0 + \beta_2 \text{time} \cdot \text{group} \cdot \text{province} + \lambda X + \gamma_{it} + \eta_{tj} + \varepsilon_{ijt} \qquad (6\text{-}2)$$

3. 行业 DDD 模型

为了进一步厘清碳排放权交易试点影响的行业异质性，本章选择引入一个行业哑变量 industry。当研究行业被碳排放权交易试点所涵盖时，该

变量取值为 1, 否则取值为 0。β_3 的变化表示不同试点区域之间政策效应的差异。其他变量的定义与公式（6-1）中各变量的定义相同。行业 DDD 模型如公式（6-3）所示:

$$\ln Y_{ijt} = \beta_0 + \beta_3 \text{time} \cdot \text{treat} \cdot \text{industry} + \lambda X + \gamma_{it} + \eta_{tj} + \varepsilon_{ijt} \tag{6-3}$$

4. 逐步法

本章使用逐步法来识别碳排放权交易试点对于碳生产率的影响的中介效应（Saeidi et al., 2015; Tang et al., 2020b）。具体模型为

$$\ln Y_{ijt} = \alpha_1 \text{time} \cdot \text{treat} \cdot \text{group} + \lambda_a X + \gamma_{it} + \eta_{tj} + \varepsilon_{ijt} \tag{6-4}$$

$$M_{ijt} = \alpha_2 \text{time} \cdot \text{treat} \cdot \text{group} + \lambda_b X + \gamma_{it} + \eta_{tj} + \varepsilon_{ijt} \tag{6-5}$$

$$\ln Y_{ijt} = \alpha_3 \text{time} \cdot \text{treat} \cdot \text{group} + \alpha_4 M_{ijt} + \lambda_c X + \gamma_{it} + \eta_{tj} + \varepsilon_{ijt} \tag{6-6}$$

其中, M_{ijt} 表示中介变量。其他变量的定义与公式（6-1）中各变量的定义相同。如果 α_1、α_2 与 α_4 都显著, 则中介效应存在。此时进一步考察 α_3, 其不显著则说明此时为完全中介效应。若 α_3 显著且其绝对值小于 α_1, 则此时为部分中介效应。

二、研究数据

本章所使用的面板数据涵盖 36 个工业行业（表 6-1）, 时间跨度为 2008 年至 2017 年, 涉及区域为中国各省区市。行业划分依据《国民经济行业分类》（GB/T 4754—2017）进行。考虑到数据可得性, 分析数据未包括上海和西藏的数据。

表 6-1　面板数据中所包含的工业行业

工业行业	代码	工业行业	代码
煤炭开采和采选业	B06	烟草制品业	C16
石油和天然气开采业	B07	纺织业	C17
黑色金属矿采选业	B08	纺织服装、服饰业	C18
有色金属矿采选业	B09	皮革、毛皮、羽毛及其制品和制鞋业	C19
非金属矿采选业	B10	木材加工和木、竹、藤、棕、草制品业	C20
农副食品加工业	C13	家具制造业	C21
食品制造业	C14	造纸和纸制品业	C22
酒、饮料和精制茶制造业	C15	印刷和记录媒介复制业	C23

续表

工业行业	代码	工业行业	代码
文教、工美、体育和娱乐用品制造业	C24	通用设备制造业	C34
石油、煤炭及其他燃料加工业	C25	专用设备制造业	C35
化学原料和化学制品制造业	C26	汽车制造业	C36
医药制造业	C27	铁路、船舶、航空航天和其他运输设备制造业	C37
化学纤维制造业	C28	电气机械和器材制造业	C38
橡胶和塑料制品业	C29	计算机、通信和其他电子设备制造业	C39
非金属矿物制品业	C30	仪器仪表制造业	C40
黑色金属冶炼和压延加工业	C31	电力、热力生产和供应业	D44
有色金属冶炼和压延加工业	C32	燃气生产和供应业	D45
金属制品业	C33	水的生产和供应业	D46

2013 年，北京、天津、上海、湖北、重庆、广东和深圳正式启动了碳排放权交易试点。其中，上海的数据存在一定缺失，广东的统计数据已将深圳的数据包括在内。因此，本章选择北京、天津、湖北、重庆和广东作为试点地区。相关工业行业数据依照国民经济行业分类标准进行了整理。8个被碳排放权交易试点所覆盖的工业行业被设定为试点行业，具体信息如表 6-2 所示。

表 6-2　碳排放权交易试点行业

试点行业	行业分类名称	数据说明
造纸	造纸和纸制品业	
石化	石油、煤炭及其他燃料加工业	
化工	化学原料和化学制品制造业	
建筑材料	非金属矿物制品业	
钢铁	黑色金属冶炼和压延加工业	
有色金属	有色金属冶炼和压延加工业	
交通	交通设备制造业	由汽车制造业以及铁路、船舶、航空航天和其他运输设备制造业合并而成
电力	电力、热力、燃气生产和供应业	由电力、热力生产和供应业以及燃气生产和供应业合并而成

1. 因变量

碳生产率的计算公式（Wang et al., 2019a）为

$$CP_j^{it} = GOP_j^{it} / CE_j^{it} \qquad (6-7)$$

其中，CP_j^{it} 和 GOP_j^{it} 分别表示位于 i 地区的工业行业 j 在 t 年度的碳生产率和行业总产值，行业总产值数据引自历年的《中国工业统计年鉴》，以工业生产者价格指数表示，并将其调整为以 2008 年不变价格衡量；CE_j^{it} 表示依据 IPCC 计算方法测算的行业碳排放量。CE_j^{it} 具体如式（6-8）所示：

$$CE_j^{it} = \sum_k AD_{jk}^{it} \cdot NCV_k \cdot CC_k \cdot O_k \cdot 44/12 \qquad (6-8)$$

其中，AD_{jk}^{it} 表示位于 i 地区的工业行业 j 在 t 年度能源 k 的消耗量；NCV_k 表示能源 k 的平均低位发热量；CC_k 表示能源 k 的单位热值碳含量；O_k 表示能源 k 的碳氧化率；44/12 表示二氧化碳与碳的相对分子质量之比。能源消耗数据来自历年的《中国能源统计年鉴》，NCV_k、CC_k 与 O_k 数据来自 IPCC。具体的能源种类包括煤、原油和天然气，三者合计消耗量一度约占中国能源消耗总量的 90% 以上（Wang et al., 2019a）。本章碳排放量的估算仅包含直接排放，不包括间接排放等其他排放形式。

2. 控制变量

行业规模不仅对于生产率和利润率有一定的影响，还会改变企业在能效提升设备和技术创新方面的投资（Baumers et al., 2016）。因此，行业规模可能也会对碳生产率产生影响。鉴于此，本章的分析控制了行业规模，并以总资产和行业平均员工数来衡量（He and Tian, 2013; Xie et al., 2017）。上述指标数据引自历年《中国工业统计年鉴》。总资产数据使用固定资产投资价格指数，并将其调整为以 2008 年不变价格衡量。

资产负债率是一个评价长期偿付能力的指标，其能够影响企业进行环境治理的意愿（Deng et al., 2019）。资产利润率反映了盈利能力，可能会通过资本投资以及技术创新影响到能源效率（Yin and Ma, 2009; Brown et al., 2012; Jaraitė-Kažukauskė and di Maria, 2016）。此外，资产流动性是影响技术创新有效性的主要指标之一（Liu and Wang, 2017b）。因此，本章的实证分析控制了资产负债率、资产利润率及流动资产比率。上述指标数据来自历年的《中国工业统计年鉴》。表 6-3 给出了各控制变量的详细信息。

表 6-3　变量描述性统计

变量种类	变量	符号	变量含义	单位	均值	标准差
因变量	碳生产率	lncp	行业碳排放量/行业总产值（对数值）	百万 t/亿元	1.64	2.21
控制变量	行业规模	lnasset	行业总资产对数值	亿元	4.90	2.08
		lnlabor	行业平均员工数对数值	千人	1.43	1.06
	资产负债率	AL	行业总负债/行业总资产×100%		83.30%	344.22%
	资产利润率	AP	行业总利润/行业总资产×100%		10.42	43.90
	流动资产比率	CA	行业流动资产/行业总资产×100%		45.13%	19.09%
中介变量	技术进步	lntfp	全要素生产率		1.93%	2.31%
	资本投资	CI	行业固定资产投资/行业总产值		19.83	984.49

3. 中介变量

已有研究中，全要素生产率被广泛地用于衡量技术进步（Zhao and Zhang，2018；Liu et al.，2019）。Levinsohn 和 Petrin（2003）提出了一种测算全要素生产率的半参数方法。该方法能够解决个别样本投资额为 0 所引起的样本缺失问题，因此，本章选择该方法来测算全要素生产率。测算全要素生产率的相关指标已调整为以 2008 年不变价格衡量。此外，资本投资使用资本密度来衡量（Zhou et al.，2019），以年度行业资本投资与行业总产值的比值来测算。

第三节　研究结果与讨论

一、碳排放权交易试点的整体影响

本章使用 DDD［式（6-1）］来评估碳排放权交易试点对于以碳生产率来衡量的绿色创新的整体影响。表 6-4 中，列（1）给出了仅控制行业-年份固定效应而不考虑控制变量的估计结果。交乘项的系数在 1%的水平上显著为正。列（2）中的结果为在列（1）的基础上进一步控制了省份-

年份固定效应的估计。交乘项的系数仍然显著为正，而系数值从 1.2682 下降到 0.5631。由此可见，不同地区随时间变动的易混淆因素的确影响了实证结果。R^2 值有所上升，显示在控制区域间随着时间变动的因素后，模型拟合优度得到改善。列（3）中的结果为控制了行业-年份固定效应与控制变量后的估计。交乘项的系数依然显著为正，而其绝对值小于列（1）中的结果，意味着这些行业特征因素对于碳生产率有着某种程度的影响。列（4）中，行业-年份固定效应、省份-年份固定效应与控制变量都得到了控制。交乘项的系数依然显著为正，且在实施了碳排放权交易试点后，实验组中工业行业的碳生产率相比对照组上升了 58.25%。这表明，碳排放权交易试点显著提升了以碳生产率进行衡量的绿色创新水平。

表 6-4　碳排放权交易试点对于绿色创新的影响

变量	（1）	（2）	（3）	（4）
time·treat·group	1.2682***	0.5631**	1.1626***	0.5825**
	（0.2526）	（0.2824）	（0.2665）	（0.2803）
常数项	1.6070***	1.6240***	0.1491	0.8154***
	（0.6739）	（0.0068）	（0.2487）	（0.2749）
控制变量	否	否	是	是
行业-年份固定效应	是	是	是	是
省份-年份固定效应	否	是	否	是
R^2	0.4570	0.6149	0.4950	0.6301

注：括号内为双尾检验 T 值，经过行业层面聚类稳健标准误计算得出

、*分别表示在 5%、1%水平上显著

　　那么，在其他国家，碳排放权交易的影响又如何呢？

　　欧盟碳排放交易体系是世界上首个国际碳排放权交易市场，也是目前全球最大的碳排放权交易市场。在欧盟碳排放交易体系的第一阶段（2005~2007 年），只有来自发电厂和能源密集型工业的二氧化碳排放被纳入其中，且几乎所有的排放配额都是免费分配给企业的。在欧盟碳排放交易体系的第二阶段（2008~2012 年），盈余配额导致了持续性的配额供大于求，且配额交易受到了国际金融危机、经济严重下滑的影响。这些都使欧盟碳排放交易体系的功能未能得到有效发挥（Bel and Joseph，2018）。因此，在其运行的第三阶段（2013~2020 年），欧盟碳排放交易体系削减了碳配额总量，并逐步将碳配额的免费分配转变为折量拍卖（Bel and

Joseph，2018）。即便如此，欧盟碳排放交易体系仍无法在各个阶段产生有效的创新激励（Gulbrandsen and Stenqvist，2013；Segura et al.，2018）。

第二个全国范围内的碳排放权交易体系是新西兰碳排放交易体系，该体系自2008年运作至今，涵盖了所有种类的温室气体，且已将农林业部门、液化石化燃料、固定能源和工业加工部门纳入其中，是迄今覆盖行业范围最广、最为综合的碳排放权交易体系。相比其他碳排放权交易体系，新西兰碳排放交易体系具有以下特色：将农业纳入碳排放权交易体系；企业既可以通过国内市场也可以通过京都市场进行碳交易；强制减排和灵活参与相结合；预留了与其他国家、区域碳排放权交易体系接轨的相应条款等。总体而言，新西兰碳排放交易体系的有效性大致呈改善趋势，但仍存在波动。然而，由于宽松的配额分配政策以及前期国际碳信用的无限制抵消使用，新西兰碳排放交易体系并未显著增加碳减排量（Richter and Mundaca，2013）。

有学者使用一个整合的一般均衡模型评估了澳大利亚碳排放交易体系的有效性。他们发现，澳大利亚碳排放交易体系可以有效地减少碳排放，但是其减排量尚无法达到国家减排目标，且会引起经济的收缩以及就业水平的下降（Meng et al.，2018；Nong et al.，2017）。

韩国在2015年启动了国内的碳排放权交易，然而其实际碳排放权交易价格低于边际减排成本，导致其无法实现有效的碳排放权交易。因此，在2015~2016年，燃煤火力发电厂作为韩国碳排放权交易的主要参与者，其效率未能由于碳排放权交易而得到显著提升（Choi and Qi，2019）。值得注意的是，在2020年，韩国碳排放权交易价格位居全球首位。

总体上，世界范围内的碳排放权交易体系仍需进一步改进。总体上，就碳减排效果而言，中国的碳排放权交易试点相对较为有效。

二、异质性检验结果

1. 区域异质性

中国已设立的碳排放权交易试点由各地方政府具体实施，其具体规则并没有统一的标准，这可能会造成各地碳排放权交易试点的有效性存在差异。因此，本章进一步分析了试点地区碳排放权交易有效性的潜在差异。分析结果如表6-5所示。可以看出，只有北京和重庆交乘项的系数显著，这意味着碳排放权交易试点的有效性存在区域差异。

表6-5 异质性分析结果：区域异质性

变量	碳排放权交易试点区域				
	北京	广东	天津	湖北	重庆
time·treat·group	1.0721***	0.7366	0.0196	−0.4756	−1.2894**
	(0.3691)	(0.4581)	(0.6093)	(0.5124)	(0.5349)
常数项	1.0624	1.1469	1.2036	1.2030	1.1436
	(0.9379)	(0.9205)	(0.9590)	(0.9502)	(0.8987)
控制变量	是	是	是	是	是
行业-年份固定效应	是	是	是	是	是
省份-年份固定效应	是	是	是	是	是
R^2	0.6673	0.6650	0.6628	0.6638	0.6697

注：括号内为双尾检验 T 值，经过行业层面聚类稳健标准误计算得出

、*分别表示在5%、1%水平上显著

其中，北京交乘项的系数显著为正，表明北京的碳排放权交易试点促进了绿色创新水平的提升。上述现象背后的原因可能包括以下几点。第一，北京的碳排放权平均交易价格要远高于其他试点地区。碳排放权平均交易价格越高，则意味着生产者越有动力减少碳排放，最终越有可能提升绿色创新水平。第二，北京碳排放权交易试点的覆盖范围更广，纳入的企业数量更多（Ji et al.，2018），这将有助于扩大碳交易规模，提升碳排放权交易试点的规模效应。第三，北京碳排放权交易试点实施力度更大，对于排放数据测算的质量监管更为严格。北京通过建立政策法规和管理机制、制定总量目标和覆盖范围、确立碳排放核算报告与核查制度、实施严格监管措施、建设跨区域碳市场等各方面努力，形成了政策和管理体系较完善、碳排放总量控制严格、经济社会行业覆盖广泛、运行平稳的碳市场。第四，作为全国政治、文化、国际交往中心，北京的城市战略定位决定了其必须大力推进碳排放权交易试点工作。

重庆交乘项的系数显著为负，表明重庆的碳排放权交易试点没有促进绿色创新水平的提升，这与近期一些学者的发现一致。研究表明，重庆的碳排放权交易试点对当地碳排放强度的影响有限（Zhang et al.，2019b）。此外，重庆相对较低的碳排放权平均交易价格也可能是其背后原因。然而，碳排放权平均交易价格往往受到碳配额分配方法的影响。北京和天津的碳排放权交易试点在分配碳配额时采用了历史排放强度法，而广东采取了基准值法，湖北则综合采取了上述两种方法。在重庆，其碳排放权交易试点

中的配额分配方法跟其他试点碳市场都不一样，其采取企业配额申报制。也就是配额数量由企业自己确定，而政府只负责总量控制。这或许会导致重庆碳配额超量发放，碳排放权交易空间有限。

2. 行业异质性

本章还分析了试点行业碳排放权交易有效性的潜在差异。在试点行业中，石化与电力行业的交乘项的系数显著为正，且石化行业交乘项系数的绝对值最大（1.391）（表 6-6）。这表明，碳排放权交易试点显著提升了以上两个行业的绿色创新水平。与之相对应的是，建筑材料与交通行业的交乘项的系数显著为负，分别为-0.510 和-0.918。

表 6-6　异质性分析结果：行业异质性

变量	碳排放权交易试点行业							
	造纸	石化	化工	建筑材料	钢铁	有色金属	交通	电力
time·treat·group	-0.110	1.391***	0.044	-0.510*	-0.349	-0.342	-0.918**	0.741**
	(0.286)	(0.188)	(0.261)	(0.252)	(0.302)	(0.259)	(0.276)	(0.304)
常数项	0.413	0.311	0.413	0.417	0.418	0.448	0.340	0.433
	(0.468)	(0.512)	(0.461)	(0.466)	(0.463)	(0.464)	(0.486)	(0.449)
控制变量	是	是	是	是	是	是	是	是
行业-年份固定效应	是	是	是	是	是	是	是	是
省份-年份固定效应	是	是	是	是	是	是	是	是
R^2	0.6996	0.7041	0.6996	0.7002	0.6999	0.6999	0.7014	0.7009

注：括号内为双尾检验 T 值，经过行业层面聚类稳健标准误计算得出
*、**、***分别表示在 10%、5%、1%水平上显著

造成以上结果的原因可能是不同行业的减排潜力存在差异。已有研究发现，在碳排放权交易试点所涉及的各行业中，石化行业的减排潜力最大，其次为电力行业，而交通行业的减排潜力最小（Wang et al., 2017b）。然而，建筑材料行业的减排潜力也相对较小。石化行业通过提高清洁能源使用比重以及运用更多的减排技术，可以促进其绿色创新水平的提升。然而，电力行业通过推广大规模离岸风力发电技术以及高效天然气发电技术，也可以实现其绿色创新水平的提升。

考虑到行业间的异质性因素，在实施碳排放权交易的过程中，对各行

业进行碳配额分配时应当有所区别。让一些减排潜力较小的行业承担较大的减排压力，将会影响这些行业的经济产出，而一些从事对外贸易的行业也可能会产生碳泄漏（carbon leakage）的问题（Takeda et al.，2014）。为了实现碳生产率以及相对应的绿色创新水平的整体优化，碳排放权交易体系在进行碳配额分配时，理应考虑各行业减排潜力的差异。

三、中介效应结果

1. 技术进步

已有实证研究发现，当面临碳排放配额约束时，企业会通过技术进步减少其碳排放，以实现低碳化生产（Caparrós et al.，2013）。因此，本章的分析进一步考虑了技术进步的潜在中介效应。表6-7的列（1）报告了依据公式（6-3）进行估计的总体结果。交乘项的系数为正，意味着碳排放权交易试点促进了绿色创新。列（2）和列（3）中的因变量为中介变量 lntfp。列（3）在列（2）的基础上增加了省份-年份固定效应，以吸收各区域随时间变动因素的影响。分析结果亦支持碳排放权交易试点促进了绿色创新的结论。列（4）报告了依据公式（6-5）进行估计的结果。交乘项以及中介变量 lntfp 的系数都显著，且交乘项系数的绝对值小于依据公式（6-1）测算的结果。因此，可以证明，技术进步的中介效应存在，且属于部分中介，这显示了碳排放权交易试点通过影响技术进步促进了绿色创新。

表6-7　中介效应分析结果

变量	技术进步				资本投资			
	（1）	（2）	（3）	（4）	（5）	（6）	（7）	（8）
time·treat·group/time·treat·industry	0.583**			0.485*	0.583**			0.581**
	(0.280)			(0.280)	(0.280)			(0.281)
lntfp		0.630***	0.213*	0.223***				
		(0.130)	(0.117)	(0.045)				
CI						0.055*	0.068*	0.010***
						(0.029)	(0.117)	(0.045)
常数项	0.815***	−1.276***	−1.028***	1.314***	0.815***	1.065***	−1.617	1.314***
	(0.275)	(0.273)	(0.248)	(0.277)	(0.275)	(0.361)	(1.837)	(0.003)
控制变量	是	是	是	是	是	是	是	是

续表

变量	技术进步				资本投资			
	（1）	（2）	（3）	（4）	（5）	（6）	（7）	（8）
行业-年份固定效应	是	是	是	是	是	是	是	是
省份-年份固定效应	是	否	是	是	是	否	否	是
省份固定效应	否	否	否	否	否	否	是	否
R^2	0.630	0.222	0.835	0.640	0.630	0.088	0.088	0.630

注：括号内为双尾检验 T 值，经过行业层面聚类稳健标准误计算得出

*、**、***分别表示在 10%、5%、1% 水平上显著

对于以上结论，作者在此提供一些解释。碳排放权交易旨在依靠市场促使企业采取减排措施，其路径包括由碳排放配额约束带来的成本压力（Ezzi and Jarboui，2016），以及由规制的市场化机制带来的利益激励（Albrizio et al.，2017）。从长期来看，企业可能倾向于采取那些更有利于其长期发展的措施，以实现生产的低碳化，如技术进步（Smale et al.，2006）。技术进步包括技术的创新和改进。前者的影响主要由低碳技术研发来实现，而后者的影响主要通过升级设备、提升过程转换效率、利用废热及中间产品进行循环生产、优化生产资源配置来实现（Liu and Zhang，2017）。

2. 资本投资

将资本投资作为中介变量的分析结果如表 6-7 所示。列（5）报告了估计的总体结果。列（6）和列（7）报告了以资本强度（CI）作为因变量的整体结果。列（7）的分析在列（6）的基础上增加了省份固定效应，以吸收区域层面未观察到因素的影响。交乘项系数的结果表明，碳排放权交易试点显著增加了资本投资，但系数的绝对值较小。这意味着，碳排放权交易试点引起资本投资增加的效果要小于其促进技术进步的效果。列（8）在整体效果回归模型中增加了资本强度。交乘项的系数以及资本强度的系数都显著为正，且交乘项系数的绝对值要小于列（1）中的结果。因此可以得出，资本投资的中介效应是存在的，且属于部分中介的类型。不过值得注意的是，列（8）中交乘项的系数值与列（5）中的系数值差异不大。

由以上分析可以得出，对绿色创新的作用而言，资本投资要弱于技术

进步。这意味着，企业更倾向于通过促进技术进步来进行绿色创新。其背后的原因可能在于，固定资产投资等资本投资行为会增加企业现金流的压力，而技术进步可以通过对内部资源的优化来实现，故而企业可能更倾向于选择后者。

四、稳健性检验结果

1. 安慰剂检验

本章使用安慰剂检验（la Ferrara et al.，2012）来识别实证结果是否受到区域、产业和时间层面未观测因素的影响。随机选择碳排放权交易试点的实验组，以确保实验组的选择不会影响因变量，即随机回归的交乘项系数为 0。这样的随机选择过程共进行了 1000 次，并依据公式（6-1）进行了相应的回归估计。图 6-2 展示了这 1000 次结果所产生的 t 值的分布情况，其中绝大多数都趋近于 0。随机选择后的系数均值为 0.0017，与上述 DDD 模型结果相比更趋近于 0 且不显著。这表明，本章的实证分析结果难以受到区域、产业和时间层面未观测因素的影响。

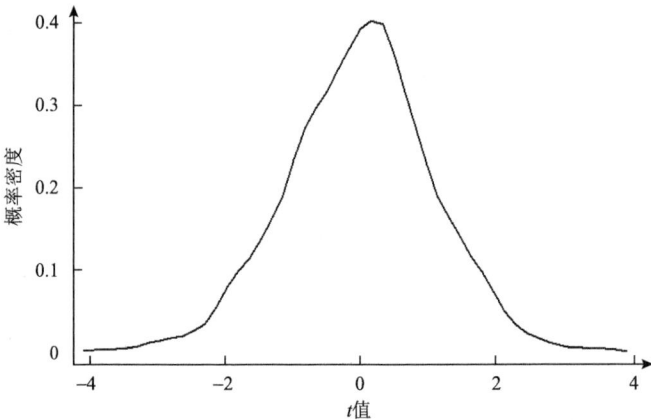

图 6-2　安慰剂检验结果

2. 并发事件检验

2013~2014 年，中国还颁布了一些可能对碳排放或能源使用产生影响的法律法规。因此，本章考虑了这些政策事件可能对分析结果所产生的干扰。2014 年，水利部选择在部分地区开展全国水权交易试点，湖北省是试点地区之一。水权交易的目的是在合理界定和分配水资源使用权的基础上，实现地区间、流域间、流域上下游、行业间、用水户间的水资源使用权流转（Deng et al.，2018）。水资源是影响工业生产的重要因素。水权交易的实施可能会影响相关地区的工业产出，进而可能减少能源消耗和碳排放。鉴于此，本章进行了并发事件检验。依据相关研究（Shi and Xu，2018）的方法，宁夏、江西、内蒙古、河南、甘肃和湖北的数据由于当地被纳入水权交易试点而首先被剔除，然后依据公式（6-1）进行了回归估计。回归结果中交乘项的系数显著，表明绿色创新的改进并未受到水权交易试点措施的影响（表6-8）。

表6-8 并发事件检验结果

变量	水权交易试点	
	(1)	(2)
time·treat·group	1.132***	0.536**
	(0.176)	(0.235)
常数项	−0.056	0.553**
	(0.300)	(0.310)
控制变量	是	是
省份-年份固定效应	否	是
行业-年份固定效应	是	是
R^2	0.467	0.613

注：括号内为双尾检验 T 值，经过行业层面聚类稳健标准误计算得出

、*分别表示在5%、1%水平上显著

第四节 结论与政策建议

本章以中国实施的碳排放权交易试点为准自然实验，基于省域工业行业面板数据，利用DDD，分析了碳排放权交易试点对于以碳生产率进行衡量的绿色创新的影响。此外，本章还从区域和产业层面出发，分析了影响的异质性。然后，本章还验证了技术进步与资本投资的中介效应。研究发现，碳排放权交易试点提升了试点地区以及试点工业行业的绿色创新水平。在试点地区中，北京的政策效果最佳，而重庆的政策效果较差。在试点工业行业中，石化和电力行业的政策效果最明显，而建筑材料和交通行业的政策效果较差。机制分析结果表明，碳排放权交易试点主要通过影响技术

进步和资本投资进而作用于绿色创新，且技术进步的作用更大。

本章的分析结果具有重要的政策启示。首先，碳排放权交易需要正确合理地确定碳配额分配方法。在设计分配方法时，应当充分考虑各地区的具体条件和特点。其次，减排任务的分配应当与各行业的减排潜力情况相协调。对于那些减排潜力大的行业，理应让其承担更多的减排任务，以提升行业绿色创新水平，促进经济社会系统整体有效率地碳减排。最后，有必要尽早确立碳配额分配的动态调整机制。对于那些碳价较低的地区，有关部门应当考虑适当减少其碳配额，以保证碳价能够保持在一个合理的水平，并能合理反映当地的减排成本。

未来的研究可以考虑将企业层面数据与行业层面数据结合起来，以综合分析碳排放权交易试点对于绿色创新的影响机制，从而形成企业层面更加有针对性的政策建议。此外，中国碳排放权交易试点的政策溢出效应也值得进一步研究，从而增进对市场型环境规制效果的理解。

本 章 小 结

作为全球二氧化碳排放量最大的经济体，中国实现碳排放权交易试点的有效运行，对于应对全球气候变化具有重要而深远的意义。本章以中国实施的碳排放权交易试点为准自然实验，基于体现了碳排放权交易试点实际范围的省域工业行业面板数据，利用 DDD，分析了碳排放权交易试点对以碳生产率进行衡量的绿色创新的影响。考虑到区域和行业层面的差异，本章还从区域和产业层面出发分析了碳排放权交易试点影响的异质性。此外，本章还验证了技术进步与资本投资的中介效应。研究发现，碳排放权交易试点提升了试点地区以及试点工业行业的绿色创新水平。在试点地区中，北京的政策效果最佳，而重庆的政策效果较差。在试点工业行业中，石化和电力行业的政策效果最明显，而建筑材料和交通行业的政策效果较差。机制分析结果表明，碳排放权交易试点主要通过影响技术进步和资本投资进而作用于绿色创新，且技术进步的作用更大。本章的研究结果将为更好地推行全国范围内的碳排放权交易、实现经济社会系统的低碳化转型提供政策依据，也为其他发展中国家设计和筹划碳排放权交易提供了经验参考。

第七章 市场型环境规制对农户亲环境生产行为的影响

第一节 引 言

在过去几十年中，气候变化对农业部门产生了广泛的负面影响（World Bank，2013；Arslan et al.，2017；FAO，2017）。这些负面影响严重与否，往往取决于在农业生产中采用亲环境生产行为来适应气候变化、减缓气候变化负面影响的程度（Thamo et al.，2017）。在许多发展中国家，上述依赖关系表现得尤其突出。据联合国粮食及农业组织统计，发展中国家的小农家庭数量约为 4.75 亿户。这些小农户缺乏必要的能力，在面对气候变化的负面影响时变得更加脆弱（Salazar-Espinoza et al.，2015；Trinh et al.，2018）。因此，考虑可能的亲环境生产行为，避免过高估计气候变化对小农生产的影响，是极其重要的。然而，绝大多数关注气候变化对发展中国家农业生产影响的研究，并没有将农业通过采用亲环境生产行为以适应气候变化考虑在内（Birthal et al.，2015；Chen et al.，2018d；Guan et al.，2017；van Valkengoed and Steg，2019）。

本章分析气候变化对中国北部黄土高原地区的影响，并考虑相关适应情景。黄土高原地区是东亚最重要的雨养农业区域，当地农业由于对气候尤其是可利用降水高度依赖而十分脆弱（Fu et al.，2011；Li et al.，2016；Wang et al.，2016c；Wang et al.，2018c）。1956~2011 年，年际降水量存在波动，黄土高原地区年均降水量大体上减少了 10%，在陕西北部、山西中北部以及汾河流域，年均降水量减少的趋势更为明显（Xin et al.，2011；赵一飞等，2015；程楠楠等，2016）。研究显示，这些地区降水量下降的趋势预计还将持续（Huang et al.，2016；唐凯，2021）。

　　此外，中国设定了专门的农业温室气体减排目标，以减缓气候变化的影响。为了实现这些减排目标，政府已出台部分环境规制政策，并将继续制定实施相应的环境规制政策。作为一种潜在的市场型环境规制政策，中国可能在未来对农业部门所排放的温室气体征收排放税，而黄土高原地区雨养复合经营农业也可能被涵盖其中（Liu and Wu，2017）。

　　需要指出的是，据作者所知，迄今为止还没有国家实施直接针对农业所排放温室气体的市场型环境规制政策。然而，基于生命周期的视角，农业温室气体在那些建立了碳排放权交易市场的地区已经被间接地征税，如中国启动了碳排放权交易试点。此外，农业碳税正在被越来越多的学者和政策制定者所关注（Tang et al.，2016a）。包括中国与一些欧洲国家的许多研究者已经意识到，农业碳税是一种能有效减少温室气体排放的潜在市场型政策工具。考虑到中国强力推进的温室气体减排国家目标，农业部门所排放的温室气体存在被直接征税的可能。

　　本章旨在分析黄土高原地区在未来气候变化条件下的农业生产及利润。在现有研究的基础上，本章进一步分析在发展中国家采取适应措施的情况下，降水量下降以及农业碳税征收的综合作用，以及小农户在综合作用下的亲环境生产行为。具体而言，本章重点探讨以下问题。第一，在一系列潜在的市场型环境规制情景中，气候变化对于农业利润有何影响？第二，在采取亲环境生产行为的情况下，农业温室气体排放量如何变化？第三，基于现有可利用的亲环境生产行为，小农户如何适应气候变化？

　　本章研究的贡献在于，分析黄土高原地区降水量下降以及农业碳税征收在小农户采取适应措施情况下的综合作用，以及小农户为应对这些综合作用所采用的亲环境生产行为。本章利用全农场生物经济优化模型，探索小农户可采用的多种亲环境生产行为的综合效果，使用全农场生物经济模型能够分析农业系统中不同组成部分的系统变化，该模型考虑了改变农地利用的亲环境生产行为。

第二节　研究对象与分析方法

一、研究区域

本章的研究对象是位于中国北部黄土高原地区的种-畜复合经营农业。黄土高原位于黄河中上游地区，面积约为 64 万 km^2，范围为东经 100.9°~114.5°、北纬 33.7°~41.3°，是世界上黄土覆盖面积最大的地区，除少数石质山地外，大部分高原上覆盖着深厚的黄土层，厚度在 50~80 m，最厚达 180 m。黄土高原位于中国地貌的第二级阶梯及第二级阶梯向第三级阶梯过渡地带，从东部平原向西部山地过渡，西接日月山和乌鞘岭，东至太行山，南界秦岭，北达阴山，幅员辽阔，地跨青海省西宁市以南、甘肃省河西走廊以东、宁夏回族自治区大部、内蒙古自治区包头市以南、陕西省秦岭以北、山西省以及河南省西部少数地区。黄土高原主要由台地、坡地以及高度侵蚀的山地所组成，海拔在 1000~1600 m，平均海拔约为 1200 m。黄土高原地区户籍人口约为 1.2 亿，常住人口约为 1.1 亿，人口密度（167 人/km²）比全国平均值高约 23%（宁夏回族自治区统计局和国家统计局宁夏调查总队，2015）。在中国，黄土高原地区可耕地面积仅次于黄淮海平原，位居全国第二。

黄土高原地区是中国最大的种-畜复合农业区。黄土高原由于特殊的地理位置，在漫长的历史时期中，一直处于种植和畜牧两大系统的交互控制之中。种植和畜牧系统的交互影响，使种植、畜牧两方面的技术都能深入该区的农业系统中，也使该区的种-畜复合农业系统结合得较其他区域更好，动物生产更为突出，也建立了形成农业耦合系统的可能（Liu and Sang，2013；胥刚，2015）。虽然种-畜复合经营农业也存在于青藏高原，然而严酷的气候和自然环境使青藏高原的农业生产规模要远小于黄土高原。

黄土高原地区属于典型的半干旱大陆性季风区，大陆性和季风不稳定性尤为突出，冬季受极地干冷气团影响，寒冷干燥，夏季受西太平洋副热带高压和印度洋低压影响，炎热湿润，气候四季分明。年均降水量自东南向西北快速递减。东南部如陕西省的关中平原，年均降水量可达 600 mm。西部与北部，如宁夏西北部地区以及鄂尔多斯高原西部地区，年均降水量仅为 200 mm。黄土高原地区年均降水量均值约为 450 mm，60%~80%的降水集中于 7 月至 9 月（Nolan et al.，2008；任婧宇等，2018）。该地区水热同季，光照充足，年日照时数 2000~3000 h，年辐射总量 502.416~669.888 kJ/cm。年平均气温 8~14℃，年平均气温≥0℃的年积温 3000~4000℃，无霜期 120~200 d，是中国光照资源充足的地区之一。

郑景云等（2010）进一步将黄土高原分为干旱区、半干旱区和半湿润区三个气候区。其中，干旱区位于黄土高原西北部长城沿线以北及宁夏吴忠以北，年均气温 7~12℃，年降水量 100~300 mm。气温年、月和日变化较大，降水量少，风沙活动频繁，植被类型以草原和沙漠为主。半干旱区包括黄土高原多数地区，位于等降水量线 300 mm 以东，陕西铜川以北及山西长治盆地以西，年均气温变幅较大，为 3.6~12℃，年降水量 300~600 mm，夏季风较弱，蒸发量大于降水量，地貌以丘陵沟壑为主。半湿润区面积相对较小，包括陕西铜川以南、山西南部及河南西部地区，年均气温 8~15℃，年降水量大于 600 mm，夏季盛行东南风，该区地貌以河流阶地、平原和盆地为主。

黄土高原的土地资源较为丰富。该区土地总量较大，全区共有黄绵土、褐土、钙土、黑垆土、风沙土等 28 个土类。黄绵土分布面积最广，粉砂含量通常在 50% 以上，含有大量的碳酸钙，易受降雨和径流侵蚀（谢宝妮，2016）。黄土在被搬运沉积前，曾经历基岩风化与原始成土过程，所以黄土既是成土母质，也是具有一定肥力的土壤。黄土高原土壤富含碳酸钙和磷、钾、硼、锰等元素，有机质含量曾非常丰富，很适合农业生产的开展，这里也是中国农耕文明的重要发源地。然而黄土高原是黄河的主要产沙源地，也是中国甚至世界上水土流失最严重的区域之一，土质疏松，暴雨冲刷强烈，长期缺乏植被保护，导致 60% 以上的土地存在着不同程度的水土流失，年平均泥沙流失量达到 2000~2500 t/km²。水土流失使黄土高原丧失熟化土层，使当地土层的蓄水保湿能力降低，几近丧失耕种能力。随着数千年的开垦利用，目前总体上黄土高原地区的土壤受严重的土壤侵蚀和地表径流影响而肥力低下。当地农民施用氮、磷、钾肥来增加作物产量。当地土壤还具有低黏结力、高入渗率、保水能力较差的特征（Wang et al.，2009）。

为了进行生物经济学模拟分析，本章参照有关学者的研究结果（Messing et al.，2003；Wang et al.，2009），将黄土高原地区的土壤概括为四种类型（表 7-1）。

表 7-1　黄土高原的土壤类型

土壤类型	特征描述
S1: 砂土	砂质深度>150 cm；质地粗糙；SiO_2 含量>60%；有机质含量<0.15%
S2: 砂黄土	砂质深度>100 cm；质地粗糙；$CaCO_3$ 含量 7%~12%；有机质含量<0.3%
S3: 黄绵土	灰白疏松；粉砂壤质地；$CaCO_3$ 含量 10%~20%；有机质含量 0.5%~2%
S4: 基岩类	分散斑块状表土 20~40 cm，底部基岩；粉砂岩和砂岩交替露头，厚度 5~10 m；pH>8

黄土高原地区农业属于典型的雨养种-畜复合农业。当地绝大多数的农户从事种-畜复合经营（Wang et al.，2009；田均良等，2010）。类似的农业系统还存在于中亚地区东南部、伊朗高原西部以及非洲南部的一些内陆地区。由于缺乏可利用的地表水，且地下水水位埋藏深度为 50~80 m 而难以利用，当地农业生产主要依赖天然降水（Wang et al.，2009；田均良等，2010）。由于普遍存在水资源短缺，当地作物产量相对较低。例如，当地小麦产量平均每公顷为 2.5~3.2 t，只相当于全国平均水平（每公顷 5.7 t）的一半左右（Tsunekawa et al.，2014）。

当地农户每户农地面积为 0.5~3 hm（平均 1.784 hm），农地土壤类型多样①。通常有一多半的农地用于种植业，余下的用于畜牧业。然而，农地使用分配随着农民偏好的不同以及当地自然条件（如生长季节降水、温度及土壤类型）的差异而有所不同。当地主要农产品包括谷类（如小麦和燕麦等）以及畜产品（如活羊）。

黄土高原农业活动历史悠久，当地种植的作物种类多样。当地的作物品种通常耐旱、耐寒、耐热，能够在贫瘠的土地生长（Tsunekawa et al.，2014）。小麦是当地的主要作物，产量占作物总产量的 30%，种植面积占耕地总面积的 20%（Nolan et al.，2008）。绝大多数的小麦在收获后供农户家庭使用。传统上，小麦与其他豆科作物（如豌豆）、燕麦或玉米进行轮作。从 20 世纪 70 年代末以来，当地开始大规模种植经济作物（如油菜）。

许多当地农户也种植牧草，与作物进行轮作。苜蓿是当地普遍种植的一种多年生深根豆科牧草，在当地的种植历史超过 2000 年。近年来，苜蓿被广泛种植于黄土高原地区，用以发展畜牧生产以及防止水土流失（Yuan et al.，2016）。豆科牧草还能够通过生物固氮作用增加土壤中的氮素含量，

---

① 资料来源：《宁夏统计年鉴 2015》《延安统计年鉴 2016》。

因而提升后茬作物的产量。其他牧草品种包括小冠花、红豆草、冰草以及鸭茅等。牧草生物量的数量主要受到天气条件、土壤种类、放牧压力和肥料等因素的影响。牧草的生产通常始于春季初雨时。通常在夏末或秋初时牧草生物量达到顶峰。牧草在秋末枯萎，但仍可作为冬季牲畜的饲料。

该地区绝大多数的农户都饲养绵羊。当地绝大部分的绵羊种群保持自然繁育状态。牧放的羊群用作生产羊肉、羊毛或羊绒以供出售。除了牧草，绵羊的饲料还包括作物秸秆和干草。有时农民会将谷物作为维持羊群营养的补充饲料。近年来，豌豆以及油菜也被用作干旱季节的饲料。

二、全农场生物经济优化模型

本章使用 KATANNING 模型来分析气候变化对雨养农业系统的影响（Tang et al.，2018；Tang et al.，2019）。KATANNING 模型是一个考虑了农地利用动态效果（如作物轮作对于未来产量的影响预期）的跨期农地利用优化模型。该模型的结构主要基于旱地农业综合系统模型（model of an integrated dryland agricultural system，MIDAS）的设计。MIDAS 是一个广泛运用于雨养复合经营农业的静态全农场生物经济优化模型（Morrison et al.，1986；Kragt et al.，2012；Thamo et al.，2017）。与之不同的是，KATANNING 模型是一个动态农地优化模型。模型运用混合整数规划算法最大化农户净毛利。模型基于农地管理单元利用历史，对农地利用序列选择进行优化。模型考虑了雨养农业在环境、管理以及财务约束等方面的特征。KATANNING 模型涵盖了不同的作物、牧草以及畜牧（绵羊饲养）生产活动。绵羊的种群结构、能量需求以及能量供给（作物残茬、谷物以及牧草）由模型直接模拟求出。模型结果反映了包括最优农地分配在内的农户最优经营决策组合。

最新版的 KATANNING 模型包含测算农业温室气体年排放量以及以碳税形式代表农业温室气体减排政策的模块（Tang et al.，2019）。所使用的农业温室气体测算方法来自 IPCC 所公布的清单方法①。测算方法的更多细节可参见 Tang 等（2019）的附录。所有的温室气体排放量依照 Tang 等（2016d）的方法，将全球暖化潜力值转化为 CO_2e。

本章模拟的是黄土高原地区的一个典型农户，农户耕地面积为1.784 hm。该地区农地通常包括多种土壤类型，本章研究考虑了四种具有

---

① 具体可参见 https://www.ipcc-nggip.iges.or.jp/public/2006gl/vol4.html。

不同生产特征的土壤。农户从事种-畜复合经营获取利润。模型所涵盖的农地利用方式包括种植小麦、燕麦、油菜、豌豆以及豆科牧草（主要用于饲养绵羊）。考虑到当气候变化造成农业生产无法盈利时，农民可能选择暂时停止农业活动，本章将休耕纳入农地利用方式中。本章农业活动优化的周期为 10 年。

三、情景、价格以及模型有效性

许多发表的关于黄土高原地区的研究都认为，该地区气候存在变干的趋势（Xin et al.，2011；赵一飞等，2015；Huang et al.，2016；程楠楠等，2016）。在陕西、宁夏、甘肃东部、青海东部、鄂尔多斯等区域降水减少趋势明显（刘玉洁等，2018；马雅丽等，2019）。20 世纪后半叶以来，区域年平均降水量减少超过 40 mm，降幅为 7.9 mm/10a，年均降水量总体上下降了 10%（赵一飞等，2015）。1999~2008 年平均降水量仅为 392.85 mm，比多年平均值减少 47.86 mm，下降 10.86%（程杰，2011）。黄土高原春小麦和春玉米各生育阶段干旱强度呈增加趋势；夏玉米干旱强度在陕西北部、宁夏和河西走廊呈增加趋势（何斌等，2017）。此外，预计降水量下降趋势还将持续。黄土高原地区年均降水量预计到 2030 年将下降 5%~10%，到 2050 年将下降 10%~30%（任婧宇等，2018）。此外，作为一种潜在的减缓气候变化影响的应对措施，有关学者也呼吁对包括黄土高原地区雨养复合经营农业在内的农业部门所排放的温室气体征收排放税（Tang et al.，2016a）。

虽然人们对黄土高原地区潜在气候变化的长期趋势基本了解，但目前对于这些变化的潜在变化幅度还知之甚少。因此，本章将年度降水量以及农业碳税的变化情景设定在一个较大的范围（表 7-2）。类似的方法已被一些分析具有类似自然与环境条件农业地区气候变化的研究所采用（Thamo et al.，2017；Tang et al.，2018）。本章共设置 30 种情景，由 6 种年度降水量下降幅度以及 5 种农业碳税税率所构成。这些情景一方面与已有研究中的设定基本一致，另一方面也能反映气候变化与相关政策的不确定性，从而确保了分析结果的稳健性。

表 7-2　构成气候变化情景的年度降水量以及农业碳税变化

项目	年度降水量下降幅度					
	0	5%	10%	15%	20%	30%
农业碳税税率 /（元/tCO$_2$e）	0	50	100	150	200	—

基准年均降水量设定为 420 mm，以反映当地的平均降水水平（Zhang et al.，2016）。本章在分析时考虑的是一种固定农业碳税。例如，情景 10/50 表示年均降水量比基准降水量 420 mm 减少 10%[①]，且农业碳税为 50 元/tCO₂e。本章所使用的价格是 2015 年收购价。

KATANNING 模型自 Hailu 等（2011）提出以来，已经被运用于分析一些国家的雨养农业系统。该模型被经常性地更新，以反映农业生态系统、资源、行为、技术、价格以及成本等方面的变化（Tang et al.，2016d；Tang et al.，2018）。为了验证所使用模型的有效性，作者邀请了一些对黄土高原地区农业系统有充分了解与经验的农业科学家与当地专家对模型参数、模拟结果以及模型的运行情况进行了校验[②]。他们认为，模型的相关细节以及整体结果是合理的，符合所研究地区的实际情况。

第三节　研 究 结 果

在基准情景中，最优农业经营所产生的年均毛利为每公顷 3638 元。农业温室气体排放量为每公顷 2.35 tCO₂e。约有一半的农地用作种植作物，余下的农地用于种植牧草。小麦是主要的种植作物，有 43.3%的农地用于种植小麦，8.3%的农地用于种植燕麦。小麦-牧草组合是最主要的作物轮作组合。

一、气候变化情景下的农业利润

图 7-1 展示了不同情景中预期农户利润的结果。结果显示，即使农户采取了最优亲环境生产行为，减少的年均降水量以及农业碳税还是会造成农业利润的下降。在 30 种反映可能幅度变化的情景中，有 26 种情景的年均毛利损失相对于基准情景低 10%。总体上，年均降水量减少幅度越大，农业碳税税率越高，农民毛利的损失越大。

需要注意的是，在没有农业碳税的情况下，如果农民采取了最优亲环境生产行为措施，降水量下降所造成的毛利损失最多为 2%。当农业碳税税率增幅较大时，年均毛利会出现显著下降（图 7-1）。

---

① 这些情景考虑了降水强度的变化。降水的其他特征保持不变。

② 在此对华中农业大学张安录教授、董捷教授以及西北农林科技大学张蚌蚌博士的宝贵建议表示感谢。

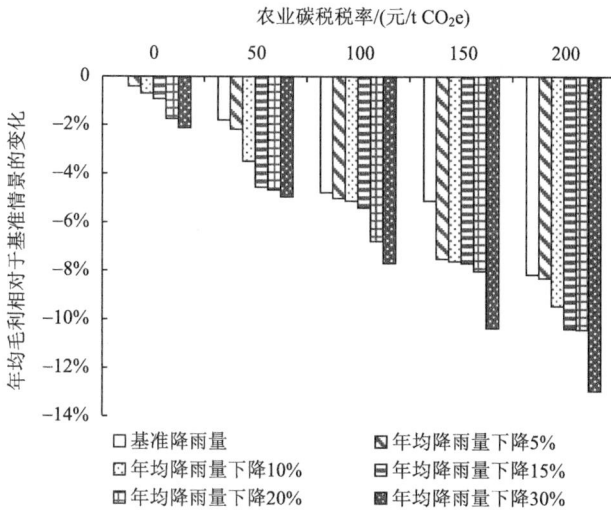

图 7-1 30 种情景中年均毛利相对于基准情景（6490 元）的变化

在没有出现降水量下降而需要缴纳农业碳税的情况下，200 元/tCO₂e 的农业碳税会造成年均毛利较基准情景下降 8%。当年均降水量减少 5% 时，农业利润的下降幅度较小。在出现更极端的降水量下降以及更高税率农业碳税的情况下，如果黄土高原地区的农民不采取有效的亲环境生产行为措施，农业利润会受到较大影响（如年均作物毛利会从每公顷 2600 元下降到 1200 元）。然而，如果农民采取了有效的亲环境生产行为措施，气候变化所造成的整体农业利润下降幅度较为温和，在大多数情况下会低于 10%。

二、农业温室气体排放量的变化

分析结果显示，在大多数情况下，农业温室气体排放量对于年均降水量以及农业碳税的变化是敏感的（图 7-2）。在出现降水量下降的情况下，农民采取经济上最优亲环境生产行为措施会增加温室气体的排放。如果降水量下降的幅度是 30%，农业温室气体排放量相对没有出现降水量下降的情景会增加 19%~49%。如果降水量下降的幅度是 5%，农业温室气体排放量的增加幅度在 5% 左右（图 7-3）。

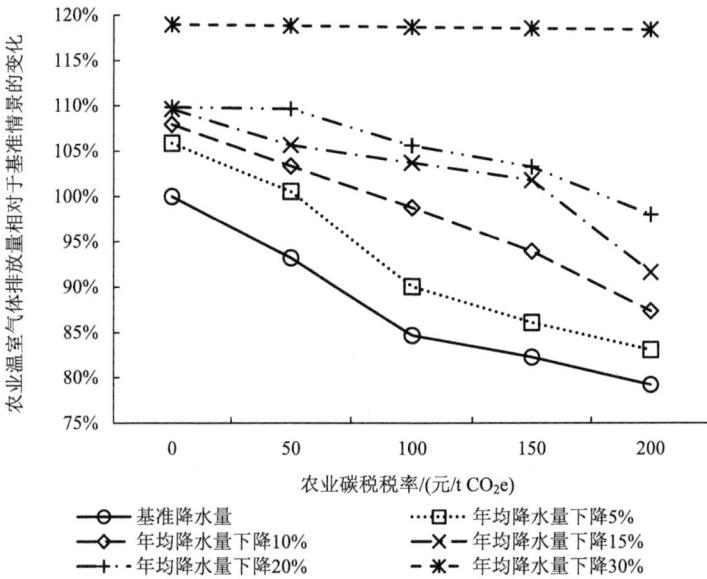

图 7-2　30 种情景中农业温室气体排放量相对于基准情景（每公顷 2.35 tCO₂e）的变化

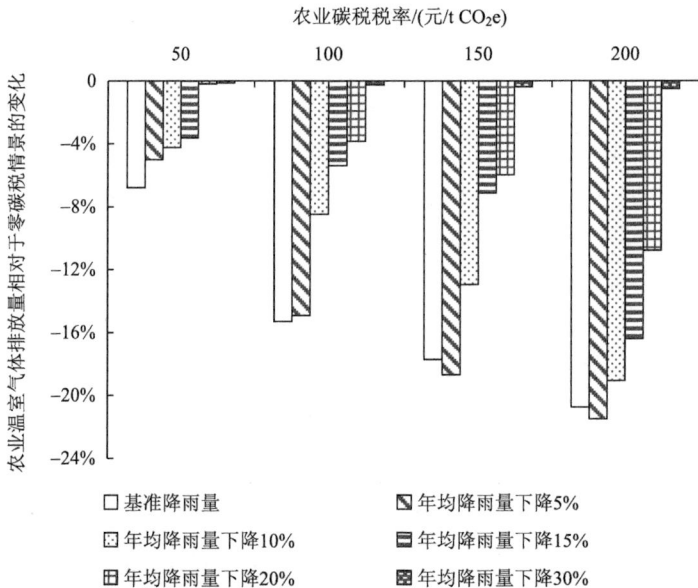

图 7-3　30 种情景中农业温室气体排放量相对于零碳税情景的变化比例

　　在出现不同幅度降水量下降的情况下，黄土高原地区雨养农业农民对于农业碳税的响应大为不同。如果降水量下降的幅度为 5%或 10%，农业碳税会导致农业温室气体排放量显著下降。在年均降水量下降幅度不高于

10%的情况下，150 元/tCO₂e 的农业碳税税率会使农业温室气体排放量减少 13%~17%，而 200 元/tCO₂e 的农业碳税会使农业温室气体排放量减少约 20%。然而，如果降水量下降的幅度为 30%，农业碳税不会造成农业温室气体排放的明显下降。即便农业碳税税率高达 200 元/tCO₂e，农业温室气体的下降幅度相对于零碳税情景也少于 0.5%。

三、农民在气候变化条件下的亲环境生产行为

表 7-3 概括了 6 种情景下可以采取的优化后的农业经营决策或亲环境生产行为措施。选择这些情景的原因在于，它们能够代表年均降水量下降以及农业碳税提高、从轻微到极端的变化。对气候变化的亲环境生产行为措施包括改变农地使用方式（农地分配、作物种类、作物轮作等）以及农业管理行为（畜群规模与结构等）。

表 7-3　部分情景中优化后的农业经营决策组合

项目		基准情景	所选择情景中相对于基准情景的变化 [年度降水量减少（%）/农业碳税（元/tCO₂e）]								
		0/0	0/50	0/200	5/0	5/50	5/150	15/150	20/150	30/150	30/200
年均毛利	元/hm	3638	−29	−297	−15	−65	−273.62	−280	−292	−377	−471
作物种植面积		50.03%	2.76%	19.99%	−0.40%	−1.32%	4.84%	−2.42%	−8.72%	−10.65%	−10.64%
牧草种植面积		49.98%	−2.77%	−20.00%	0.40%	1.31%	−4.83%	2.41%	8.71%	10.64%	10.63%
小麦种植面积		43.31%	1.55%	15.45%	−5.09%	−16.66%	−18.25%	−21.84%	−32.03%	−41.85%	−41.95%
燕麦种植面积		8.25%	1.02%	2.07%	4.65%	13.81%	19.14%	17.89%	20.35%	29.51%	29.78%
氮肥施用量	kg	62.48	3.45	24.96	−0.5	−1.62	6.04	−2.96	−10.67	−13.12	−13.02
活畜年销售额	元	3080	330	−1360	447	776	401	1025	1399	2385	2405
羊毛年销售额	元	3090	330	−1390	1035	812	403	1025	1213	1799	1785
土壤类型 1	轮作组合	PPW, PWW	WWP, PPP	OPO, PWPO	PPW, PWW	PWW, PPP	PPW, POW	PPW, POO	POO, PPP	OPO, PWPO	OPO, PWPO

续表

项目		基准情景	所选择情景中相对于基准情景的变化 [年度降水量减少（%）/农业碳税（元/tCO₂e）]									
		0/0	0/50	0/200	5/0	5/50	5/150	15/150	20/150	30/150	30/200
土壤类型2	轮作组合	WPO, PO	WWP, POO, PWW	PPPP, POP, POO	WPO, PO	PWW, PPP, POO	PPP, POOP, OPW	PPP, POOP, OPW	PPP, POPW, OPW	PPPP, POP, POO	PPPP, POP, POO
土壤类型3	轮作组合	PWW, PWO, PPP	PPW, PWO, FWP	PPPP, POP, PPW	PWW, PWO, PPP	PWW, WPO	POO, POOP, PPP	POO, POOP, PPP	PPP, POP, OPPR	PPPP, POP	PPPP, POP
土壤类型4	轮作组合	WPO, POOP	WWP, PPP	OOPO, PPO	WPO, POOP	PWWR	PWO, POO	PWO, POO	PPP, POF	OOPO, PPO	OOPO, PPO

注：P 表示豆科牧草，W 表示小麦，O 表示燕麦，R 表示油菜，F 表示豌豆

　　经济上最优的农地利用通常对于潜在的变化较为敏感。当出现降水量下降的情况时，存在减少作物种植面积而增加牧草种植面积的趋势（表7-3）。如果降水量下降的幅度为5%~10%，增加同样幅度的农业碳税会增加作物种植面积。然而，如果降水量下降的幅度为30%，农地分配对于农业碳税不敏感。此外，作物种植结构将由小麦主导型转向燕麦主导型。随着年度降水量的下降，优化后的农业经营决策将包括更多的燕麦-牧草轮作组合。休耕没有被优化后的农地利用所涵盖。

　　除了农地利用模式，改变农业管理行为来适应气候变化也是必要的。经济上最优的绵羊种群规模①将会出现显著扩大。降水量下降的幅度分别为10%、20%及30%时，种群规模将分别扩大26%、34%及68%。在作物种植措施方面，降水量减少时氮肥的施用也会减少。这表明，在降水量下降的情况下，种植部门会出现减产，相对应的肥料需求也会下降。

第四节　进一步讨论

　　考虑到气候变化潜在幅度与细节上的高度不确定性，气候变化对黄土高原地区农业利润的可能影响也不尽相同。但是，只要采取了亲环境生产行为，气候变化所造成的农业利润的损失便可以控制在一定的范围内。进

① 本章使用活畜年销售额与羊毛年销售额之和来简便估计畜群规模。

一步地，气候变化负面影响所造成的农业收入上的损失，可能会由于农产品价格的上升而被抵消。对于中国这样人口众多的发展中国家而言，人口增长以及饮食结构转变的趋势极有可能会进一步扩大对农产品的需求（Liu et al.，2014；FAO，2017）。在农产品供给方面，剧烈的气候变化会威胁农产品的有效生产。科学研究已发现，由这些因素所引起的农产品价格的上涨，可以在一定程度上缓解气候变化带来的负面影响（Wiebe et al.，2015）。

研究结果显示，在采取经济上的最优亲环境生产行为的情况下，降水量的下降会导致农业温室气体排放量的上升。黄土高原地区缺乏可用于灌溉的水源，降水量的显著减少会不可避免地导致作物产量下降，从而使种植业的利润也随之下降。然而，畜牧业的耐旱能力要远高于种植业，这意味着在降水量出现明显减少的情况下，畜牧业的盈利能力要高于种植业。因此，小农倾向于通过扩大畜牧业规模（如扩大畜群规模和增加牧草种植面积）来维持利润。畜牧业的温室气体排放密度更高（Tang et al.，2016a），畜牧业的扩张会导致农业温室气体排放量的上升。

值得注意的是，小农户对于农业碳税的响应随着降水量下降幅度的不同而存在较大差异。当降水量下降的幅度为5%~10%时，种植业受到的损失有限，利润水平下降的幅度小于10%。此外，种植业的排放密度要远小于畜牧业，因而种植业所需缴纳的农业碳税也远低于畜牧业（如在本章分析中，种植业每公顷温室气体排放量要比畜牧业低大约90%）。因此，在降水量下降的幅度为5%~10%的情景中，农业碳税的施行会引导小农户分配更多农地用于作物种植来扩大种植业生产，这样就显著地减少了农业温室气体排放。

然而，若降水量下降的幅度达到30%，作物产量会大幅下降，种植业的利润水平也随之显著降低。虽然畜牧业的外部成本更高，优化后的畜牧经营因其更强的耐旱能力而更具盈利能力方面的优势（Thamo et al.，2017）。即便农业碳税税率较高，黄土高原地区的小农户仍不会选择大幅缩小畜牧业生产规模，以保证一定的利润水平。因此，在降水量下降的幅度达到30%的情况下，农业碳税难以引起农业温室气体排放量的显著下降。

研究结果显示，当出现年均降水量下降时，小农户会选择采用更多的燕麦-牧草轮作组合以适应变化的气候。如前文所言，在气候变干的情况下，小农户会倾向于扩大畜牧业生产，因而牲畜的饲料需求会出现上升。除了种植更多的豆科牧草外，农民还需要在冬末春初牧草无法满足饲料需求时，为畜群提供谷物饲料，以维持畜群的健康水平。在黄土高原地区，燕麦的亩（1 亩≈666.667 km²）产要比小麦高约 40%。雨养复合经营农业系统在年均降水量减少的情况下，采用更多的燕麦-牧草轮作组合可以避免出现牲畜饲料供应短缺的情况。因此，当地小农户将采用更多的燕麦-牧草轮作组合作为必要的气候变化应对措施。

在绝大多数情况下，休耕并没有成为经济上最优的农地利用方式。然而在现实中，考虑到其他环境政策的实施，情况可能会有所不同。例如，中国的中央政府和许多地方政府已经推出了相应的政策来鼓励休耕，其中也包括黄土高原地区的一些地方政府。这些旨在减少水资源消耗以及土壤污染的政策为采取休耕措施的农民提供了额外的收入。因此，如果综合考虑这些政策，休耕也能够成为经济上最优的农地利用的一种方式，这样也有助于传统农业朝着可持续化转变。

研究结果显示，如果降水量下降的幅度为 5%或 10%，农业碳税会导致农业温室气体排放的显著下降。在年均降水量下降幅度不高于 10%的情况下，150 元/tCO₂e 的农业碳税会使农业温室气体排放量减少 13%~17%，而 200 元/tCO₂e 的农业碳税会使农业温室气体排放量减少约 20%。当温室气体边际减排成本低于农业碳税时，农民会意识到排放与减排相比前者更为昂贵，此时他们便会选择减少温室气体排放（Tang et al., 2018）。因此，以上结果意味着在黄土高原地区减少 13%~17%的农业温室气体排放的边际减排成本低于 150 元/tCO₂e，而减少 20%的农业温室气体排放的边际减排成本低于 200 元/tCO₂e。

考虑到实施的碳交易计划以及农业温室气体排放在全国排放总量中所占的比重（Tang et al., 2019），测算与理解中国农业温室气体边际减排成本是十分重要的。这将有助于确定将哪些具有经济竞争性的行业纳入碳交易计划中。近年来有学者分析了中国的制造业、火电行业、城市工业以及钢铁行业。他们发现，这些行业碳排放的边际减排成本在 298 元/tCO₂e 至 17 500 元/tCO₂e 之间，明显高于本章的结果（Wang et al., 2017b）。这意味着，若被纳入全国性的碳交易机制中，黄土高原地区的雨养复合经营农业能够减少更多的温室气体排放。这样，黄土高原地区的小农户能够通过出售碳信用的方式，将其出售给那些边际减排成本更高的市场主体，以获得额外的收入，提高农业适应活动的盈利能力。

与其他研究相比，本章所采用的全农场生物经济优化模型能够让模拟结果更为精确。现有关于黄土高原地区气候变化作用的研究多关注单一农业生产部门，忽略了当地农业系统中众多组成部分的综合作用。然而，这些综合作用往往会对雨养复合经营农业产生影响。例如，种植更多的豆科牧草能够为后茬谷类作物生长提供更多的氮，而调整作物轮作组合能够改变用作牲畜饲料的残茬的数量。改进版的 KATANNING 模型考虑了这些农业系统中的复杂关系。此外，绝大多数的相关文献只考虑了小麦。然而，在极端气候条件下，小麦的适应能力要弱于许多其他作物（Simelton et al., 2012; Albers et al., 2017）。进一步地，绝大多数的相关文献使用的是生物物理学的方法，忽略了生产利润变化对于农民经营决策的影响。

本章的研究还存在一些不足。例如，大气中 CO_2 浓度的增加可能会提高作物的产量（Thamo et al., 2017），而本章所使用的模型并没有考虑这一点。此外，分析中所考虑的作物与牧草都是黄土高原地区现有的典型种植品种，这些品种的生长对于降水的变化异常敏感。新品种的引入以及农业生产管理的改善也许能够增强作物与牧草的耐旱能力。未来的研究需要在农民对气候变化以及乡村可持续性的适应活动方面进行更全面、更深入的分析。

第五节 结论与政策建议

本章分析了在考虑气候变化的情况下，气候变化所带来的市场型环境规制政策对中国黄土高原地区小农户亲环境生产行为的影响。本章使用了一个全农场生物经济优化模型，为了反映气候变化以及相关政策的不确定性，本章考虑了一系列的年度降水量以及农业碳税变化情景，从而确保了分析结果的稳健性。

研究结果显示，即使农户采取了最优亲环境生产行为，减少的年均降水量以及农业碳税还是会造成农业利润的下降。然而，如果采取了最优亲环境生产行为，气候变化所造成的小农户利润损失可以控制在一定的范围内。

如果出现降水量下降的情况，农民所采取的经济上最优的亲环境生产行为会改变农地使用方式，增加温室气体的排放。若降水量下降了30%，与没有出现年度降水量下降的情况相比，农业温室气体排放量会增加19%~49%。如果降水量下降的幅度是 5%，农业温室气体排放量的增加幅度在5%左右。在降水量下降的幅度为5%或10%的情况下，农业碳税会导致农业温室气体排放显著下降。然而，如果降水量下降的幅度为30%，农业碳税不太可能造成农业温室气体排放的明显下降。

经济上最优的农地利用通常对于潜在的变化较为敏感。当出现降水量下降的情况时，存在减少作物种植面积而增加牧草种植面积的趋势。如果降水量下降的幅度为 5%~10%，增加同样幅度的农业碳税会增加作物种植面积。然而，如果降水量下降的幅度为 30%，农地分配对于农业碳税不敏感。此外，作物种植结构将由小麦主导型转向燕麦主导型。随着年度降水量的下降，优化后的农业经营决策将包括更多的燕麦-牧草轮作组合。休耕没有被优化后的农地利用所涵盖。除了农地利用模式，通过改变农业管理行为来适应气候变化也是必要的。经济上最优的绵羊种群规模将会出现显著扩大。

本章的分析结果具有重要的政策启示。首先，政策制定者需要为小农户提供更多的农业推广培训项目，引导小农户充分合理利用现有的气候变化适应措施。这样可以显著降低气候变化所造成的农业利润损失。其次，在制定与实施农业政策时，需要充分考虑气候方面的变化，如降水量等。这样能够提高农业政策的有效性、促进农村农地利用改革、优化全社会的福利。最后，可以考虑将小农户纳入全国性的碳交易机制中。小农户能够通过出售碳信用的方式，将其出售给那些边际减排成本更高的市场主体，以获得额外的收入，提高农业适应活动的盈利能力，缩小城乡收入差距。

本 章 小 结

气候变化对农业部门产生的负面影响程度严重与否，往往取决于在农业生产中采用亲环境生产行为以减缓气候变化负面影响的程度。本章利用一个全农场生物经济优化模型，分析了在考虑气候变化的情况下，市场型环境规制政策（农业碳税）对中国黄土高原地区小农户亲环境生产行为的影响。研究结果显示，如果实施了最优亲环境生产行为，气候变化所造成的小农户利润损失可以控制在一定的范围内。在降水量下降的幅度为 5%或 10%的情况下，农业碳税会导致农业温室气体排放显著下降。然而，如果降水量下降的幅度为 30%，农业碳税不太可能造成农业温室气体排放明显下降。经济上最优的农地利用通常对于潜在的变化较为敏感。当出现降水量下降的情况时，存在减少作物种植面积而增加牧草种植面积的趋势。如果降水量下降的幅度为 5%~10%，增加同样幅度的农业碳税会增加作物种植面积。然而，如果降水量下降的幅度为 30%，农地分配对于农业碳税不敏感。此外，作物种植结构将由小麦主导型转向燕麦主导型。随着年度降水量的下降，优化后的农业经营决策将包括更多的燕麦-牧草轮作组合。除了农地利用模式，通过改变农业管理行为来适应气候变化也是必要的，经济上最优的绵羊种群规模将会出现显著扩大。政策制定者应当考虑为小农户提供更多的农业推广培训项目，引导小农户充分合理利用现有的能够适应气候变化的亲环境生产措施。这样可以显著降低气候变化所造成的农业利润损失。

第八章 市场型环境规制政策组合下的农户亲环境生产行为

第一节 引 言

2006 年，中国超过美国成为全球温室气体第一大排放国（生态环境部，2018）。目前，中国控制温室气体排放面临着来自国际和国内的巨大压力和困难。为了增强适应气候变化的能力，有效控制温室气体过量排放，中国政府做出碳达峰承诺（生态环境部，2018）。作为温室气体的重要排放源，农业排放了大量的 CO_2、CH_4 和 N_2O（Tang et al.，2016a）。例如，作物种植过程中产生了碳流失，施用的化肥、养殖的牲畜以及田间焚烧的农业废弃物会产生 N_2O 和 CH_4（唐凯，2018）。在中国，农业排放了约占全国总排放量 15%的温室气体，且排放了全国 90%的 N_2O，以及全国 60%的 CH_4，农业温室气体排放量约为澳大利亚全国温室气体排放量的 2.7 倍（Tang et al.，2016d）。2010 年农业活动的 CH_4 和 N_2O 排放量分别为 4.71 亿 tCO_2e 和 3.58 亿 tCO_2e（生态环境部，2018）。由此可见，农业温室气体减排存在着巨大潜力，农业减排能为中国实现其温室气体减排目标做出的贡献不可低估。

通过采用亲环境生产行为来进行碳汇农业被认为是减少农业温室气体排放量的重要途径。碳汇农业指的是通过农地利用以及农业生产行为来增加土壤以及植被的固碳量，或减少农业生产的温室气体排放量（Smith et al.，2008；Thamo et al.，2013；Khataza et al.，2017）。保护性耕作、作物残茬管理、用多年生作物代替一年生作物以及改变牲畜牧放方式等亲环境生产行为都可能增加农地土壤中所存储的碳，减少释放到大气中的碳（Sanderman et al.，2010；张四海等，2012；Tang et al.，2016a）。此外，农民还可以通过采取亲环境生产行为措施，减少非 CO_2 温室气体的排放，如改变作物-牧草种植结构和优化畜牧管理等（Bosch et al.，2008；Fiala，2008；Bellarby et al.，2013；Hawkins et al.，2018）。然而，为了激发农民的亲环境生产行为，适当的政策机制常常是不可缺少的。

自 20 世纪 90 年代起，中国政府开始采取一系列的措施来应对气候变化。在农业领域，最广为人知的政府项目是开始于 1999 年的退耕还林工程。1999 年起，按照"退耕还林（草）、封山绿化、以粮代赈、个体承包"的政策措施，四川、陕西、甘肃三省率先开展退耕还林还草试点，2002 年在全国范围内全面启动退耕还林还草工程。20 年的持续建设，中央财政累计投入 5000 多亿元，在 25 个省区市和新疆生产建设兵团的 287 个地市、2435 个县（区）实施退耕还林还草 5.15 亿亩，占同期全国重点工程造林总面积的 2/5，成林面积占全球同期增绿面积的 4% 以上。4100 万农户、1.58 亿农民直接受益。退耕还林工程已成为世界上资金投入最多、建设规模最大、政策性最强、群众参与程度最高的重大生态工程[①]。此外，中国政府在中西部地区一些省（区）还开展了生态家园富民计划，通过整合各类可再生能源技术和生态农业技术，因地制宜地推广以沼气、生物质能、太阳能等为重点的各类能源生态模式和工程技术。然而，这些早期政策措施多旨在保护和改善生态环境，通常更多考虑的是维护粮食安全，农业温室气体减排并不是这些政策措施的重点目标。

在"十二五"时期（2011~2015 年），中国政府开始落实专门旨在减少农业温室气体排放的政策，以推动国家温室气体减排计划任务的完成。这些政策以节肥技术推广为工作重点，希望通过减量化、再利用、资源化等方式，降低能源消耗，减少污染排放，提升农业可持续发展能力。中央财政设专项支持规模养殖场进行标准化改造，建设贮粪池、排粪污管网等粪污处理配套设施，降低畜牧业温室气体排放。2015 年开始，中国通过大力发展节水农业、实施化肥零增长行动、实施农药零增长行动、推进养殖污染防治、深入开展秸秆资源化利用等系列行动，控制面源污染和温室气体排放，增强农业应对气候变化的能力（生态环境部，2018）。

除了以上政策措施，中国政府也为农业部门设定了具体的气候变化应对目标。例如，2015 年，农业部制定了《到 2020 年化肥使用量零增长行动方案》，明确提出以下目标任务：2015 年到 2019 年，逐步将化肥使用量年增长率控制在 1% 以内，力争到 2020 年，主要农作物化肥使用量实现

---

① 《这项世界最大生态工程，5000 多亿投入，值了！》，https://www.yicai.com/news/100682133.html，2020 年 6 月 30 日。

零增长。一是施肥结构进一步优化。到 2020 年，氮、磷、钾和中微量元素等养分结构趋于合理，有机肥资源得到合理利用。测土配方施肥技术覆盖率达到 90% 以上；畜禽粪便养分还田率达到 60%、提高 10 个百分点；农作物秸秆养分还田率达到 60%、提高 25 个百分点。二是施肥方式进一步改进。到 2020 年，盲目施肥和过量施肥现象基本得到遏制，传统施肥方式得到改变。机械施肥占主要农作物种植面积的 40% 以上、提高 10 个百分点；水肥一体化技术推广面积 1.5 亿亩、增加 8000 万亩。三是肥料利用率稳步提高。从 2015 年起，主要农作物肥料利用率平均每年提升 1 个百分点以上，力争到 2020 年，主要农作物肥料利用率达到 40% 以上[①]。根据《中华人民共和国国民经济和社会发展第十三个五年规划纲要》《国家适应气候变化战略》《"十三五"控制温室气体排放工作方案部门分工》的要求，"十三五"期间（2016~2020 年）累计减排 11 亿 tCO_2e 以上，减少农田氧化亚氮排放；到 2020 年实现单位国内生产总值碳排放下降 18%，农田氧化亚氮排放达到峰值，作物水分利用效率提高到 1.1 kg/m^3 以上，农村劳动力实用适应技术培训普及率达到 70%。以上这些政策目标基本上是通过直接财政支持以及命令控制型规制来实现的。

近年来，中国政府也开始试行市场型环境规制政策，以促进温室气体减排。普遍认为，市场型环境规制政策与传统的命令控制型政策相比，前者更加灵活且在成本有效性上更具优势（Tang et al., 2019；孙建飞等，2018；Wu and Ma，2019）。然而，无论是 2012 年开始的区域碳市场试点，还是最近筹划的全国碳交易市场，都没有将农业部门涵盖在内。

尽管中国政府对鼓励碳汇农业以及促进农业温室气体减排表现出强烈的兴趣，但是目前在中国碳汇农业减排成本有效性分析以及农民对市场型环境规制政策的响应方面还缺乏实证研究。

本章利用一个全农场生物经济模型，对中国不同强度市场型环境规制政策组合所引起的农户亲环境生产行为以及温室气体排放的变化进行分析。本章研究关注的是中国最大的雨养农业区以及第二大农业区——黄土高原（Liu et al., 2003；田磊，2019）。黄土高原是一个典型的半干旱种-畜复合经营雨养农业区，当地生态环境十分脆弱。本章也通过分析种-畜复合经营农民对市场型环境规制政策组合的响应，以及测算相应的温室气体减排量来估算农业温室气体的边际减排成本。希望通过本章的研究，为设

---

① 《农业部关于印发〈到 2020 年化肥使用量零增长行动方案〉和〈到 2020 年农药使用量零增长行动方案〉的通知》，http://www.moa.gov.cn/xw/bmdt/201503/t20150318_4444765.htm，2015 年 3 月 18 日。

计和实施具有成本有效性优势的农业减排政策提供新的参考。

第二节　研究区域与研究方法

一、研究区域

黄土高原地区（东经 100.9°~114.5°、北纬 33.7°~41.3°）位于中国北部，面积约为 64 万 km²。该地区是中国也是东亚最重要的雨养农业区，当地人口约 1.1 亿，其中超过 70%的人口从事农业生产活动。黄土高原大约 3/4 的土地被用于农业生产。受西伯利亚高压与亚洲夏季季风活动的影响，当地的气候属于大陆性半干旱气候，夏季炎热湿润，冬季寒冷干燥（Chen et al.，2015）。由于存在严重的土壤侵蚀，当地环境十分脆弱（Fu et al.，2009；Feng et al.，2016；Tang et al.，2019）。虽然雨养农业也存在于青藏高原，然而受环境与社会经济因素的影响，青藏高原地区的农业生产规模要远小于黄土高原地区。

黄土高原地区的农业生产主要是以小农户经营的方式进行。当地农户农地面积多在 0.5 hm 至 3 hm 之间，平均为 1.784 hm。作物种植与牲畜饲养是当地最普遍的农业生产活动。类似的农业系统还存在于伊朗、哈萨克斯坦南部以及乌兹别克斯坦东部。超过一半的农地被用于在 3 月、4 月种植作物（如小麦）。剩余的农地用于种植牧草，为饲养的牲畜（如绵羊）提供饲料。该地区活羊供应量超过全国总量的 20%（Tang et al.，2019）。高原浅层地下水贫乏，大部分地区地下水的埋藏很深，多在 60~70 m 以下（田磊，2019）。由于地表水和地下水的缺乏，当地农业生产主要依靠天然降水。

二、全农场生物经济模型

全农场生物经济模型，是指将农场生产作为一个系统，基于设定的优化目标，综合考量系统的生物、物理、环境、管理、财务以及科技方面的条件，寻求最优解的生物经济学模型。全农场生物经济模型能够帮助人们了解发生在农业系统内变化所造成的经济后果（Kingwell，2011）。依据 Robertson 等（2012）所提出的分类，目前学界使用的全农场生物经济模型大致分为工业化农业系统中的静态优化模型、发展中国家家庭农业模型、生物物理学仿真模型、整合静态优化与动态模拟的模型和结合农场实地调查的全农场模型。

工业化农业系统中的静态优化模型利用农场在生物、物理、科技和管理等方面的关系，考虑可利用的资源和潜在的管理决策，在资源、环境与管理约束条件下，找出最优解，使农场总利润最大化（Robertson et al.，2012）。利用该类模型的相关研究多采用比较静态结构，不考虑从一个状态到另一个状态之间变化的动态过程。该类模型能够在生产计划选择的过程中将生产活动间的交互关系考虑在内，同时能反映资源品质的异质性以及资源约束条件，最终得到管理实践的最优解。广泛运用于澳大利亚广域农业区研究的 MIDAS 就是一个典型例子（Kingwell，2011；Kragt et al.，2012；Thamo et al.，2013）。

发展中国家家庭农业模型的目标一般为改善食品供给，同时需要考虑一系列小农经济的特点[1]。该类模型主要考虑了小规模家庭经营农业生产的资源禀赋，同时还比较了家庭消费自产农产品还是消费购自市场农产品之间的经济含义。具体的模型有动物-作物系统综合建模平台（integrated modelling platform for animal-crop systems，IMPACT）（Herrero et al.，2007）和集成分析工具（integrated analysis tool，IAT）（Lisson et al.，2010）等。

生物物理学仿真模型通常认为资源来自外生供给，往往只有生物物理学方面的约束条件。生物物理学仿真模型一般建立在真实农场调研结果的基础上，所以可以考虑更多农场管理实践中的细节。该类模型没有构建农业生产活动所面临的资源约束条件，因此不能用于对于农场生产管理活动的优化（Guimarães et al.，2006）。具体的应用可参见 Guimarães 等（2006）和 Moore 等（2011）。

整合静态优化与动态模拟的模型将静态优化与动态仿真结合起来，以期达到取长补短的目的。在此类模型中，静态优化被用于确定在资源约束条件下农场的生产布局。此优化后的生产布局而后被用作设置实际边界。接下来生物物理学模型可结合设置的实际边界来分析一系列如投入水平、载畜率等因素的变动所带来的结果（Robertson et al.，2012）。详细过程可参见 Chikowo 等（2008）和 Whitbread 等（2010）。

结合农场实地调查的全农场模型将全农场模型与针对一些区域问题而进行的农场调研相结合来进行相关研究（Robertson et al.，2012）。此类模型可减轻只使用单一模型所带来的局限对于研究结果的负面影响。具体应

---

① 如家庭食品需求、非农收入、对公地的利用等。

用可参见 Claessens 等（2008）。

20 世纪 80 年代以来，许多研究都利用了 MIDAS 来探讨澳大利亚旱地广域农业所面临的复杂管理问题（Pannell，1997；Kingwell，2011；Kragt et al.，2012；Thamo et al.，2013）。MIDAS 是一个综合考虑了广域农业在生物、管理、财务与科技方面特征的全农场生物经济静态优化模型。它为了解发生在广域农业系统内变化所造成的经济后果提供了一个有效的途径。经过相关学者的不断努力，MIDAS 的适用区域已经从最初的西澳东部小麦带扩大到西澳中部小麦带、南部海岸带、大南区（Great Southern Region）和中西区（West Midlands），以及维多利亚州西南部和新南威尔士州西部坡地区（The Western Slopes）（Addai，2013）。

MIDAS 是个确定性的模型：价格与生产中的不确定性是外生的。但是，在该模型中可以改变价格与产量的水平，并分析这些改变对农场生产计划与利润的影响（Pannell，1997）。MIDAS 的优化目标为将农场的利润最大化。除此之外，MIDAS 也考虑了生产活动中的其他一些管理目标和行为。例如，MIDAS 允许使用者对于农场经营者不同的休闲偏好进行相关设定，考虑到农民会在 1 月中旬开始为期数周的度假，作物收割活动可以设置在 1 月初结束。

MIDAS 涵盖了几百种农业活动，包括依据土壤等级改变轮作作物、依据不同牲畜等级改变饲料种类与供应、依据播种的延迟减少产量预估、现金流记录、农机具使用等。MIDAS 的约束条件包括可利用土地面积、劳动供给、可利用资金等。MIDAS 的运行结果包括每一土地管理单元（land management unit，LMU）上轮作的选择、具体生产计划、牲畜载畜率、畜群结构、化肥施用率、预计年利润等（Addai，2013）。

MIDAS 具有众多的优点，主要是能够将农业系统的生物条件和经济条件进行整合从而进行系统的分析，以及能够运用于对于一系列农业生产系统议题的研究（Kingwell，2011）。

然而，MIDAS 也存在诸多局限，主要有以下几点：①MIDAS 是一个静态优化模型，无法考虑多年间系统的动态变化。它只能考虑两个状态点间的差异，而不能反映从一种状态变化到另一种状态的动态过程。②没有考虑价格与生产的风险。③操作过于复杂，不利于推广。

本章的分析主要利用 Tang 等（2018）所构建的全农场生物经济模型

KATANNING 进行。模型的初始版本（Hailu et al., 2011）是一个旨在最大化毛利的动态数学规划模型。其中毛利等于农场收入扣除变动成本以及间接费用。模型基于农地管理单元利用历史，对农地利用序列选择进行优化。模型考虑了半干旱雨养种-畜复合农业在生物、技术、管理以及财务约束等方面的特征。模型中涵盖了几百种农业活动，包括每一个农地管理单元上的作物-牧草轮作、不同类别牲畜的饲料供给与使用以及牲畜的繁殖等。模型的最优解描述的是基于农场可利用资源，在一系列资源、逻辑以及技术等条件的约束下，能够产生最大化毛利润的一系列农场生产活动的集合。

为了探究农业减排政策对农地利用、毛利以及温室气体排放的影响，本章研究为最新版的模型增加了测算农业温室气体年排放量的模块。所使用的农业温室气体测算方法来自 IPCC 所公布的清单方法[①]，并且对相应参数进行了调整以反映当地的半干旱农业系统特征（Tang et al., 2016d; Tang et al., 2018）。所有的温室气体排放量转化为 CO_2e。本章考虑了四类农业排放源，包括作物秸秆、化肥施用、牲畜以及固氮植株。温室气体减排量依据农业减排政策所引起农业活动的变化来测算。

本章所考虑的环境规制是一类市场型环境规制政策组合，即通过同时推行农业排污费、农业碳税、农业碳排放配额交易等市场型环境规制政策来形成政策组合，要求农户为其在生产中所排放的温室气体支付一定金额的费用。此类市场型环境规制政策组合不包括免支付排放额，实施后的实际费率固定，不随着温室气体排放量的变化而浮动。不同市场型环境规制政策形成政策组合的强度，以农户实际为单位温室气体排放支付的费用来衡量，从 0 元/tCO_2e 上浮到 500 元/tCO_2e，每次上浮的幅度为 50 元/tCO_2e。之所以选择固定费率，主要是考虑分析上的便利性。该全农场生物经济模型还可与其他类型市场型环境规制政策结合使用，如基于配额拍卖的减排政策。

模型模拟的是黄土高原地区的一个典型农户。农户耕地面积 1.784 hm，包括 12 个农地管理单元。为了反映当地典型土壤条件（Messing et al., 2003; Wang et al., 2009），典型农户的大部分耕地土壤设定为砂黄土和黄绵土。农户从事种-畜复合经营。模型所考虑的作物包括小麦、燕麦、油菜以及豌

---

① 具体可参见 https://www.ipcc-nggip.iges.or.jp/public/2006gl/vol4.html。

豆。作物与牧草进行轮作。农户饲养的代表性牲畜是绵羊。绵羊饲料相关参数参见 Tang 等（2018）。年均降水量设定为 445 mm，以反映当地半干旱大陆性季风气候的降水水平（Nolan et al.，2008）。

作物与畜牧商品的价格是收购价，以 2015 年不变价人民币表示。模型假设种-畜复合经营农民依据作物与牲畜的预期市场价格、农业生产成本以及当地的环境条件（如土壤类型、生长季节降雨量和作物轮作效应）来做出农业生产决策。

第三节　研 究 结 果

该部分首先给出的是没有农业碳税时的模拟结果。接下来展示的是不同市场型环境规制政策组合情景下的模拟结果。本章的模拟周期是 10 年。所展示结果均为 10 年周期的均值。

一、基准情景

当市场型环境规制政策组合强度为 0 元/tCO$_2$e 时，通过优化农场的种-畜生产经营所得到的最大毛利年均为每公顷 3540.6 元（图 8-1）。约有一半的农地用作种植作物，余下农地用于种植牧草供羊群食用。平均而言，优化后的种-畜生产经营结构中，约有 49.4%（0.882 hm）、18.4%（0.329 hm）、21.1%（0.376 hm）、10.8%（0.192 hm）和 0.3%（0.005 hm）的农地被分别用作种植牧草、小麦、燕麦、油菜和豌豆。主要的作物轮作组合包括持续性牧草、牧草-燕麦组合、牧草-小麦-燕麦组合以及牧草-油菜-小麦组合（表 8-1）。需要注意的是，在该模型所包含的 12 个农地管理单元中，各单元所选择的种-畜生产活动由于土壤类型的不同而各异。这些种-畜生产活动从总体上保证了整个农业生产系统的毛利最大化。作物的产量约为每公顷 3 t。以上各模拟结果与已有的关于黄土高原地区半干旱农业系统的研究结论基本一致（Tsunekawa et al.，2014）。

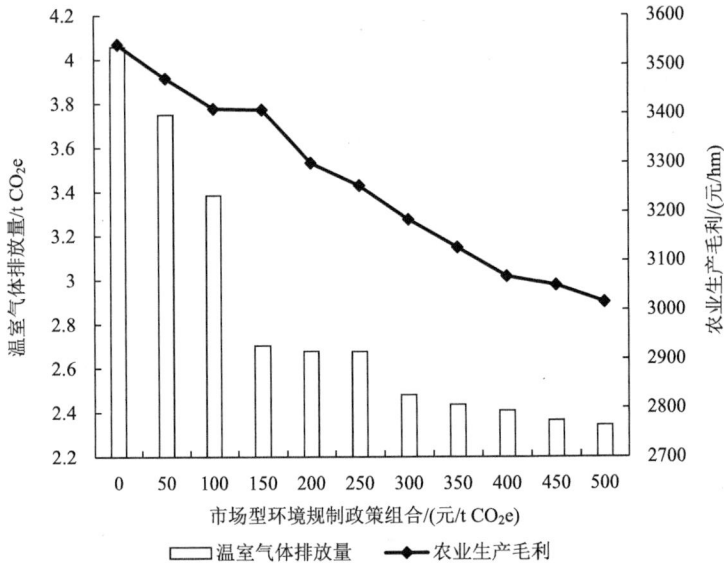

图 8-1　不同市场型环境规制政策组合情景下优化后的农户温室气体总排放量与毛利

表 8-1　不同市场型环境规制政策组合情景下毛利最大化时的轮作组合

市场型环境规制政策组合强度/(元/tCO₂e)	轮作组合			
	S1: 砂土	S2: 砂黄土	S3: 黄绵土	S4: 基岩类
0	POO, PRO, PPOD	POO, POP, POW, PRO, PWO, PRW, WPRW	PPP, POP, PPO, PWP, PPW, PRW	PRW, PRWP
50	POW, PWW, PRW, WPWO	PPP, POO, POP, PRW, WPRW	POP, POW, PWO, PWW, PWPW, PDW, PWD, PRW, DOP, OODR	POO, POOD
100	PPP, PRW, PDR	PWW, PPW, PRW, PDW, WPRW	PWW, WPW, WPP, PRW, PDW, PPD, WPD	PPP, WDP
150	PPO, WPWO, PPO	PRW, PDW, PWD, DRW	PWW, PDW, PWD, PDWD	PWW, PRW, PRWD
200	PWW, PDW, DPDW	PWW, PRW, PDW, WPDW	PWW, PRW, PDW, PWD, PDWD, DRW, DPDW	PPO, PDW
250	PRW, PDR, DRW	PWW, PRW, PDW, PWD	PWW, PRW, WPRW, PDW, PWD, PDWD	PWW, PDW, PDWD

续表

市场型环境规制政策组合强度/(元/tCO₂e)	轮作组合			
	S1: 砂土	S2: 砂黄土	S3: 黄绵土	S4: 基岩类
300	PWW, PWD, PDW	PWW, PDW, PDWD	PWW, PDW, PWD, PDR, WPDO	PWW, DRW
350	PWW, PDW, DPDW, WPR	PWW, PDW, PWD, DPDW	PWW, PDW, PWD, DPDW, DRW	DRW, DRWD
400	PDW, PWD, DRW, DCWR	PDW, PDWD, DRW	PWW, PDW, PWD, PDWD, DPDW	PDR, DRW
450	PDW, PWD, PDR, DRW	PWW, PDW, PWD, PDWD, DRW	PWW, PDW, PWD, PDWD, DPDW, RDR	PDW, PDWD
500	PDW, PDWD, WDR	PWW, PDW, PWD, PDWD, DPDW, WDR	PWW, PDW, PWD, PDWD, DPDW, DRD	PWW, PDW, PDWD

注：P 表示牧草，W 表示小麦，O 表示燕麦，R 表示油菜，D 表示豌豆

在基准优化情景中，农户温室气体年均排放总量为 4.06 tCO₂e，折合年均每公顷 1.95 tCO₂e。研究周期内平均而言，畜牧生产排放了占农户总排放量 85%的温室气体（年均 3.74 tCO₂e）。固氮类作物是第二大排放源，其排放比重约占农户总排放量的 12%。化肥施用以及作物秸秆所产生的排放则相对较少。以上结果与相似半干旱复合农业系统相关研究的结果一致（Thamo et al.，2013；Tang et al.，2016d）。

二、不同市场型环境规制政策组合情景

表 8-1 展示的是不同市场型环境规制政策组合情景下毛利最大化时的轮作组合。图 8-1 展示的是相应的农户温室气体排放量以及优化后的毛利。图 8-2 比较了市场型环境规制政策组合对于总排放量以及牲畜排放量的影响。

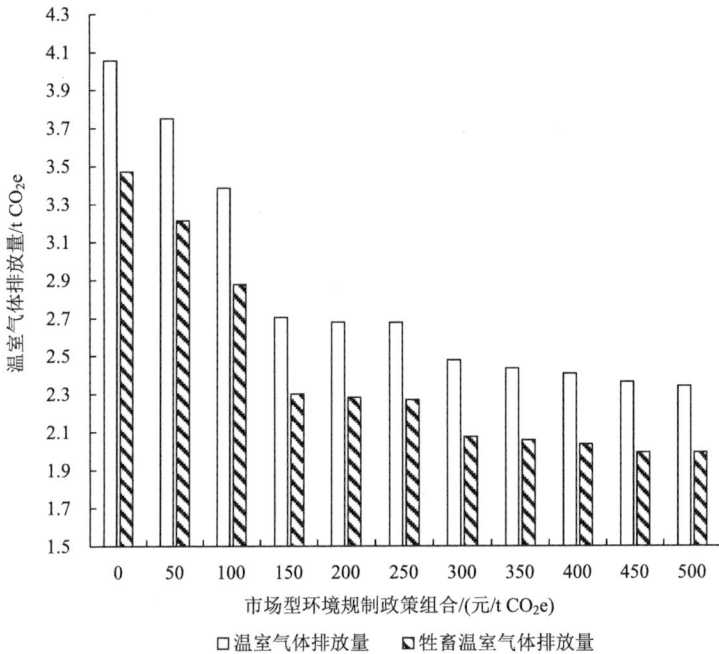

图 8-2　不同市场型环境规制政策组合情景下农户温室气体排放量与牲畜温室气体排
放量

当市场型环境规制政策组合强度分别为 50 元/tCO₂e、100 元/tCO₂e 和
150 元/tCO₂e 时，年均最大毛利分别下降到每公顷 3471.2 元、每公顷 3409.3
元和每公顷 3407.4 元。农民种植更多的小麦和豌豆，减少了牧草、燕麦以
及油菜的种植面积。更多包含豌豆的轮作组合被包含到最优生产经营方案
中（表 8-1）。当市场型环境规制政策组合强度高于 100 元/tCO₂e 时，主
要的轮作组合是牧草-小麦组合和牧草-豌豆-小麦组合，而包含燕麦的轮作
组合没有被纳入最优生产经营方案中（表 8-1）。

当市场型环境规制政策组合强度分别为 50 元/tCO₂e、100 元/tCO₂e 和
150 元/tCO₂e 时，农户温室气体排放总量与基准情景相比分别减少了 7.6%、
16.6% 及 33.3%。畜牧生产和作物生产所减少的温室气体排放下降趋势相
近。在牧草-豌豆-小麦轮作组合中，作为豌豆后茬作物的小麦其产量为每
公顷 3.6 t，比其他轮作组合中小麦的产量高 11%。

随着市场型环境规制政策组合强度的进一步提高（150~500 元/tCO₂e），
优化后的毛利呈下降态势。然而，牧草种植面积以及温室气体排放量的减
少量均较为有限。值得注意的是，在所有情景中，小麦和豌豆都是主要的
作物。此外，牧草-小麦与牧草-豌豆-小麦轮作组合是所有类型土壤的主要

轮作组合。当市场型环境规制政策组合强度高达 500 元/tCO₂e 时，农户温室气体排放总量下降到 2.34 tCO₂e，比基准情景低 42.2%。优化后的毛利为每公顷 3015.4 元。此时，42.9%的农地被用作种植豌豆，余下的农地大致被平分，用于种植小麦和牧草。

第四节　进一步讨论

分析结果显示，随着市场型环境规制政策组合强度的提高，黄土高原地区种-畜复合经营农业中作物种植的主导程度会不断提升。已有研究显示，畜牧生产是农业温室气体的主要排放源，畜牧生产与作物种植相比，前者的排放密度要远高于后者（Fiala et al.，2008；Thamo et al.，2013；Herrero et al.，2016；Tang et al.，2018）。本章分析结果显示，畜牧生产的年均温室气体排放量约为每公顷 3.85 tCO₂e，而作物种植的年均温室气体排放量小于每公顷 0.65 tCO₂e。当农业温室气体排放面临市场型环境规制政策组合的规制时，作物种植与畜牧生产相比，市场型环境规制政策组合给前者所带来的外部成本要远小于给后者。因此，农民出于对市场型环境规制政策组合的理性响应，会选择限制包括牲畜养殖和种植牧草在内的高排放密度畜牧生产，转而扩张作物种植规模。

随着中国居民膳食结构中动物性食物的增加（Hawkins et al.，2018），市场型环境规制政策组合所引起的畜牧生产的缩减，可能会导致市场上出现较大的供给缺口。对于这一矛盾，一项基础的解决方案是进一步提升畜牧生产的生产力和牲畜健康水平。改善牲畜的遗传潜力，提升牲畜的繁殖率、健康比例以及活体增重率，是降低每单位产品温室气体排放量的有效办法（Herrero et al.，2016）。包括使用饲料添加剂、改善饲料可消化性以及妥善处理牲畜粪便在内的技术与管理干预，也有助于实现增加畜牧产品供给与减少农业温室气体排放之间的平衡。供给缺口也为包括澳大利亚、新西兰、美国以及巴西在内的主要国际供货商创造了机会。

研究结果还显示，当市场型环境规制政策组合强度不断提高时，农民倾向于在种植作物时减少包含油菜和燕麦的轮作组合，而更多地选择包含豌豆的轮作组合。这是因为作物所产生的温室气体，由其在生产过程中所需施用氮肥的数量，以及一些作物器官（如根、秸秆）的氮浓度决定（Gan et al.，2009）。已有研究表明，在半干旱农业系统中，包含燕麦和油菜的轮作组合与包含豌豆的轮作组合相比，后者在生长过程中需要更少的氮肥，因而会排放更少的温室气体（Kirkegaard et al.，2008；Rajaniemi et al.，2011）。豌豆根部共生的豌豆根瘤菌具有固氮作用，其固定的氮素能满足豌豆生长期部分所需量。因此，种植豌豆不需要大量的氮肥，减少了相关的温室气体排放。此外，豌豆能够通过多种途径提升后茬作物的产量。在牧草-豌豆-谷物轮作组合中，谷物作为豌豆的后茬作物，其产量能够得到提升。例如，研究发现，牧草-豌豆-小麦与其他轮作组合相比，前者小麦的产量要比后者增加 11%。如果增加轮作中豌豆的种植频率，降低土壤中氮残留量过高对于固氮的负面影响，以及提高来自豌豆茬中氮矿化与后作氮需求高峰期之间的同步性，后作的产量可以得到进一步提高（Herridge et al.，2008；Tang et al.，2018）。因此，农民在得到市场型环境规制政策组合规制的情况下，会倾向于减少包含燕麦和油菜的轮作组合，增加包含豌豆的轮作组合。

更重要的是，本章研究发现，市场型环境规制政策组合强度相对较小的提升可以产生显著的农户温室气体减排效果，减排所需成本较低。当市场型环境规制政策组合强度分别为 50 元/tCO$_2$e、100 元/tCO$_2$e 和 150 元/tCO$_2$e 时，农户温室气体排放总量分别减少 7.6%、16.6% 以及 33.3%。相应的毛利损失分别为 2%、3.7% 和 3.8%。

以上结果说明，减少 7.6%、16.6% 和 33.3% 的农户温室气体排放总量的边际减排成本要分别低于 50 元/tCO$_2$e、100 元/tCO$_2$e 和 150 元/tCO$_2$e。已有文献给出了中国农业部门"自下而上"的边际减排成本曲线，结果显示，减少 40% 的排放量的边际减排成本低于 123 元/tCO$_2$e（Wang et al.，2014b）。本章的研究结果与其研究结果大体一致。

考虑到中国近期试行的市场化碳减排的经验，本章结果可能对设计全国性碳交易计划有重要启示。在区域碳市场中，温和的减排目标所对应的碳价已经达到 50 元/tCO$_2$e 至 150 元/tCO$_2$e。本章结果显示，在市场型环境规制政策组合强度被设定在可比较水平的情况下，可以减少大量的温室气体排放。在中国雨养种-畜复合农业部门中实施碳汇农业，是一项极具成本有效性优势的选择。

在解读本章所得出的结论时需注意以下问题。

第一，本章农业温室气体排放量的估计是建立在有关农产品价格、土壤类型以及气候条件的一系列假设基础之上。本章研究的结果是基于处于半干旱气候条件下、以雨养种-畜复合农业为代表的中国黄土高原地区。研究结果也许能够用来理解在中亚东南部地区、伊朗高原西部以及南部非洲一些内陆地区类似农业系统中的农业减排。然而，中国以及一些国家其他的农业区域在农业系统、土壤类型和气候上的差异，以及农产品市场价格的波动，都有可能对农民在农地利用、生产毛利以及温室气体排放方面的响应产生影响。

第二，本章研究没有考虑由农业减排活动所带来的潜在的协同效益，如生态多样性的保护以及土壤品质的改良（Tang et al.，2016a）。黄土高原地区存在着严重的土壤侵蚀和地表径流，土壤肥力通常较低（Wang et al.，2009）。通过采取如轮作和保护性耕作在内的碳汇农业措施，农民可以减少土壤侵蚀、改进土壤肥力。类似个体的协同效应能够进一步地降低温室气体排放的边际减排成本。此外，碳汇农业也能够带来其他的公共效用，如生态多样性保护等。对于这些私人和公共协同效应的综合分析可能说明，政府应当提供更优厚的农业温室气体减排政策。

第三，读者也应注意，采用亲环境生产行为会产生一系列与农业生产非直接相关的额外成本，如交易成本和学习成本等（Bakam et al.，2012；Tang et al.，2016a）。本章所使用的模型没有考虑这些额外成本。然而在实际操作中，这些额外成本可能给中国经营种-畜复合农业农民采用亲环境生产行为带来一定的阻碍。

第五节　结论与政策建议

本章利用一个全农场生物经济模型，分析了程度不同的市场型环境规制政策组合情景下，中国黄土高原地区半干旱雨养种-畜复合农业系统在亲环境生产行为、农业利润以及农户温室气体排放量方面的变化。

研究结果显示，牲畜是主要的农业温室气体排放源，优化后的复合农业系统中种植业的比例将上升，可以减少农业生产所排放的温室气体。受市场型环境规制政策组合的影响，在优化后的生产经营组合中，农民倾向于包含更多的基于豌豆的轮作组合，而减少基于燕麦以及油菜的轮作组合。此外，市场型环境规制政策组合强度相对较小的提升可以产生较大的农业温室气体减排效果，且减排成本相对较小。分析结果表明，黄土高原地区的种-畜复合经营农户减少 16.6%以及 33%的温室气体排放的边际减排成本，以 2015 年人民币计算，不高于 100 元/tCO$_2$e 和 150 元/tCO$_2$e。

考虑到中国区域碳市场的实际碳价，本章结果说明，在中国雨养种-畜复合农业中减少温室气体排放，是一项相对低成本的选择。为中国半干旱雨养种-畜复合农业部门提供市场型环境规制政策组合，不仅能够改变农户农地利用和农业生产行为，显著减少农业温室气体排放，还可以以极具成本有效性优势的方式，实现全社会的有效减排。

本 章 小 结

　　本章利用一个全农场生物经济模型，对中国不同强度市场型环境规制政策组合所引起的黄土高原地区农户亲环境生产行为以及温室气体排放的变化进行分析。研究结果显示，畜牧生产是农业温室气体的主要排放源，随着市场型环境规制政策组合强度的提高，种-畜复合经营农业中作物种植的主导程度会不断提升。受市场型环境规制政策组合的影响，在优化后的生产经营组合中，农民倾向于包含更多的基于豌豆的轮作组合，而减少基于燕麦以及油菜的轮作组合。市场型环境规制政策组合强度相对较小的提升可以产生较大的农业温室气体减排效果，且减排成本相对较小。分析结果表明，黄土高原地区的种-畜复合经营农民减少 16.6% 以及 33% 的温室气体排放的边际减排成本，以 2015 年人民币计算，不高于 100 元/tCO$_2$e 和 150 元/tCO$_2$e。总体而言，在中国雨养种-畜复合农业中推广亲环境生产、减少温室气体排放，是一项相对低成本的选择。

第九章 研究结论与展望

第一节 研究结论

中国环境治理体系形成过程比较独特，环境污染问题仍未得到有效解决，局部还比较严重，与其他国家特别是发达国家相比，实现环境治理愿景目标时间更紧、幅度更大、困难更多，任务异常艰巨，环境规制政策体系具有鲜明的"中国特色"。这些特征在给中国环境污染治理和可持续转型带来困难的同时，也为进一步发展和完善环境经济学以及相关学科理论提供了难得的资源。本书将环境经济学、技术经济与管理、决策理论与方法、环境科学等学科的有关理论进行有机融合，构建环境规制政策组合视角下的生产行为分析框架，在异质性环境规制的基础上，归纳形成不同的环境规制政策组合，综合运用多种实证方法，多层面分析异质性环境规制及其政策组合对于亲环境生产行为的作用效果和影响机制，揭示出异质性环境规制及其政策组合对中国亲环境生产行为选择的驱动机理。通过上述研究，主要得出如下结论。

（1）环境规制旨在在增加一般公众的社会收益的同时提高污染者的生产成本，最终达到保护环境和实现经济发展"双赢"的目标。中国环境规制政策以命令控制型为主，市场型和自愿型政策为辅。亲环境生产行为是指生产者在外部环境压力的作用下，依据自身情况和特点，做出的能够促进环境可持续性的生产应对行为，具体包括绿色创新以及清洁生产等。在对资源的合理配置中需要消除利用环境资源过程中的外部性，还需要对环境资源进行合理定价，降低交易成本和规制实施成本。

（2）命令控制型环境规制实施后，企业将同时采取寻租和绿色创新行为应对。从企业政治背景考虑，民营企业更愿意采取寻租行为，而国有企业更愿意采取绿色创新行为，若企业高管拥有政治经历将实施更多的寻租行为。规制实施前期，企业主要采取寻租行为，若企业存在经营业绩的既定目标或者约束将加大寻租行为力度；而在规制实施后期，企业将采取绿色创新行为应对。政府加大反腐力度，将会减少企业遭遇政府规制时采取寻租行为的程度，而更大规模地实施绿色创新行为。

（3）命令控制型环境规制（如"十一五"规划二氧化硫减排政策）与工业企业绿色创新效率呈负相关关系，但负面影响持续时间较短。命令控制型环境规制对小企业绿色创新效率的抑制作用显著，而对大企业无明显作用，对国有企业绿色创新效率的抑制作用大于非国有企业，对西部和东部企业的绿色创新效率的抑制作用显著而对中部企业无明显作用。命令控制型环境规制通过减少企业的现金流量对企业绿色创新效率产生负面作用，而对企业的预期收益无显著作用。

（4）不同的命令控制型环境规制政策组合都会引起农业清洁生产成本的上升。东部沿海地区各省区市在农业生产全要素效率方面要远优于西部内陆省区市。总体上，中国农业可以利用命令控制型环境规制政策组合进一步推广亲环境生产行为，以实现节约资源投入、增加农业产出和减少污染排放"三赢"。

（5）碳排放权交易试点提升了试点地区以及试点工业行业的绿色创新水平。在试点地区中，北京的政策效果最佳，而重庆的政策效果较差。在试点工业行业中，石化和电力行业的政策效果最明显，而建筑材料和交通行业的政策效果较差。机制分析结果表明，碳排放权交易试点主要通过影响技术进步和资本投资进而作用于绿色创新，且技术进步的作用更大。

（6）在实施市场型环境规制的情况下（如农业碳税），如果实施优化后的亲环境生产行为，气候变化所造成的小农户利润损失可以控制在一定的范围内。经济上最优的农地利用通常对于潜在的变化较为敏感。当出现降水量下降的情况时,存在减少作物种植面积而增加牧草种植面积的趋势。此外，作物种植结构将由小麦主导型转向燕麦主导型。随着年度降水量的下降，优化后的农业经营决策将包括更多的燕麦-牧草轮作组合。除了农地利用模式，通过改变农业管理行为来适应气候变化也是必要的，以应对气候变化条件下的市场型环境规制。

（7）市场型环境规制政策组合的实施会促使农户选择亲环境生产行为，以降低农业碳排放。此外，市场型环境规制政策组合强度相对较小的提升可以产生较大的农业碳减排效果。农业部门实施市场型环境规制政策组合，不仅能够促进农户亲环境生产行为，显著减少农业碳排放，还可以以较低的成本实现全社会的有效碳减排，助力实现碳达峰和碳中和目标。

第二节　政 策 建 议

根据上述结论，本书提出以下政策建议。

（1）环境治理应考虑将命令控制型与市场型环境规制政策工具进行有机结合形成协同。从本研究分析中不难发现，命令控制型环境规制政策虽然能有效控制污染物排放量，但是会在一定程度上抑制生产者绿色创新效率的发展，给经济发展带来一定的负面影响；市场型政策对生产者的激励作用较大，但该类政策的有效实施不仅要依靠高质量的政策内容，还受到市场有效性、污染物特征、时空因素和监测能力等因素的影响。因此将两种政策工具结合起来形成协同是极有必要的。一方面，命令控制型环境规制政策强有力地保证了减排目标的实现，另一方面，市场型环境规制政策为生产者提供了更大的弹性空间并且能够有效地激励生产者积极进行节能减排，同时，市场型环境规制政策具有外溢性，有助于多种类别的创新共同增长。命令控制型和市场型环境规制政策有机融合而成的协同政策集是实现经济增长、环境改善和社会福利的有效途径。

（2）政府在设计环境规制政策时应考虑其对于生产者经营水平以及社会经济运行的影响。在制定政策时，政府应当设置合理的阶段性目标，在政策实施前可以对政策可能产生的一系列结果进行预测，通过辅助性的工具尽量减少负面影响。例如，为生产者提供必要的亲环境生产技术以及财政支持，使其与各生产者的具体条件和特点相协调；有必要尽早确立环境规制政策的动态调整机制，对于那些亲环境生产行为实施难度较大的生产者，有关部门应当考虑在初始阶段适当减轻其绿色转型任务，以保证转型能够循序渐进，避免采用"休克式"激进改革。

（3）在制定环境规制政策时应考虑经济活动主体的差异性。"一刀切"式的环境规制可能会在某种程度上阻碍某些生产部门的发展，使其难以激励生产者自愿进行亲环境生产行为。因此，环境规制的建立应当避免统一采用静态标准和盲目增加监管强度。对于规模不同和所有权结构不同的生产者，政府应当制定具有针对性、灵活性、动态性的政策。比如，对于小微企业，政府可以将研发投资向小微企业倾斜，为小微企业提供更多的机会和成功的可能性，以激励小微企业进行绿色创新等亲环境生产活动；对于国有企业，可以尝试调高亲环境生产在国有企业绩效考核标准中的比重，推动国有企业深化改革，以促进国有企业的绿色可持续发展；对于西部企业，政府可以加大对西部地区生产要素的投入，为西部企业创新水平的改善提供物质基础；对于东部企业，政府可以通过发放补贴激励东部地区的企业进行绿色创新。

（4）政府可以帮助同类型生产者建立跨组织亲环境生产技术合作机制，以增加生产者的绿色转型意愿，促进产品和服务的创新。本书建议建立以下合作机制：在政府的帮助和支持下，多个同类型生产者通过建立线上平台和形成线下小组的形式进行合作，线上平台可供各生产者进行信息交换、技术交流、共享研发成果，平台上也会提供最新的科研资讯以便各生产者及时了解技术、产品创新等最新动态，同时各生产者也可以组成线下合作小组，整合合作组织的人力、物力、财力、知识等资源，进行共同研发；在整个过程中，政府提供一定的资金、渠道以促进合作机制的成功建立。该合作机制可以促进生产者自主绿色转型，不仅可以帮助生产者降低研发的风险和成本，也可以达到亲环境生产的目的。

第三节　研　究　展　望

本书将环境经济学、技术经济与管理、决策理论与方法、环境科学等学科的有关理论进行有机融合，构建环境规制政策组合视角下的生产行为分析框架，在异质性环境规制基础上，归纳形成不同的环境规制政策组合，综合运用多种实证方法多层面分析异质性环境规制及其政策组合对于亲环境生产行为的作用效果和影响机制。虽然本书关于环境规制政策组合对亲环境生产行为的影响进行了较为深入的研究，但是限于所收集的数据资料和作者的学术水平，依然存在一些问题值得后续进一步挖掘和扩展，主要有以下几个方面。

（1）环境规制政策的实施手段包含多种类型，除了命令控制型以及市场型环境规制，还包括自愿型环境规制。关于不同类型的环境规制混合形成政策组合（如命令控制型-市场型组合、命令控制型-自愿型组合、市场型-自愿型组合等）对亲环境生产行为会有怎样的影响，可以进一步研究讨论。

（2）本书所选择的微观企业数据仅来自中国 A 股上市公司，没有将上述研究结论推广到更为普遍的微观层面，对其他企业（如非上市公司、小微企业）的亲环境生产行为在动因、绩效与机理上的结果缺乏经验证据，尚需进一步比较企业的行为选择在不同企业规模、不同社会及市场条件、不同经营状况下的差异。未来的研究可以考虑将企业层面数据与行业层面数据结合起来，以综合分析环境规制政策组合对亲环境生产行为的影响机制，从而形成企业层面更加有针对性的政策建议。

（3）读者也应注意，采用亲环境生产行为会产生一系列与生产非直接相关的额外成本，如交易成本和学习成本等。本书在进行实证分析时没有具体考虑这些额外成本。然而在实际操作中，这些额外成本可能给生产者采用亲环境生产行为带来一定的阻碍。

参 考 文 献

安同良, 魏婕, 舒欣, 2020:《中国制造业企业创新测度: 基于微观创新调查的跨期比较》.《中国社会科学》, (3): 99-122, 206.

曹慧, 2019:《粮食主产区农户粮食生产中亲环境行为研究: 以山东省为例》. 咸阳, 西北农林科技大学.

曹伟, 杨德明, 赵璨, 2016:《政治晋升预期与高管腐败——来自国有上市公司的经验证据》.《经济学动态》, (2): 59-77.

陈德球, 金雅玲, 董志勇, 2016:《政策不确定性、政治关联与企业创新效率》.《南开管理评论》, 19(4): 27-35.

陈骏, 徐捍军, 2019:《企业寻租如何影响盈余管理》.《中国工业经济》, (12): 171-188.

陈诗一, 陈登科, 2018:《雾霾污染、政府治理与经济高质量发展》.《经济研究》, 53(2): 20-34.

陈雯, Dietrich Soyez, 左文芳, 2003:《工业绿色化: 工业环境地理学研究动向》.《地理研究》, 22(5): 601-608.

陈晓红, 汪静, 胡东滨, 2018:《碳配额免费分配法下寻租对市场运行效率影响》.《系统工程理论与实践》, 38(1): 93-101.

程杰, 2011:《黄土高原草地植被分布与气候响应特征》. 咸阳. 西北农林科技大学.

程楠楠, 何洪鸣, 逯亚杰, 等, 2016:《黄土高原近 52 年降水时空动态特征》.《山东农业大学学报(自然科学版)》, 47(3): 388-392.

崔广慧, 姜英兵, 2019:《环境规制对企业环境治理行为的影响: 基于新〈环保法〉的准自然实验》.《经济管理》, 41(10): 54-72.

费瑞波, 盛旗锋, 2013:《行为博弈视角下企业清洁生产行为选择研究》.《石家庄经济学院学报》, 36(1): 71-73.

傅京燕, 2006:《环境规制与产业国际竞争力》. 北京, 经济科学出版社.

高瑛, 王娜, 李向菲, 等, 2017:《农户生态友好型农田土壤管理技术采纳决策分析:以山东省为例》.《农业经济问题》, 38(1): 38-47.

国家统计局, 2020:《中国统计年鉴 2020》. 北京, 中国统计出版社.

国家统计局城市社会经济调查司, 2021:《中国城市统计年鉴 2020》. 北京, 中国统计出版社.

国家统计局工业统计司, 2020:《中国工业统计年鉴 2020》. 北京, 中国统计出版社.

国家统计局能源统计司, 2021: 《中国能源统计年鉴 2020》. 北京, 中国统计出版社.

郭进, 2019: 《环境规制对绿色技术创新的影响: "波特效应"的中国证据》. 《财贸经济》, 40(3): 147-160.

何斌, 刘志娟, 杨晓光, 等, 2017: 《气候变化背景下中国主要作物农业气象灾害时空分布特征(Ⅱ): 西北主要粮食作物干旱》. 《中国农业气象》, 38(1): 31-41.

侯聪美, 陈红, 龙如银, 2020: 《绿色生产研究进展与展望: 基于文献计量分析》. 《系统工程理论与实践》, 40(8): 2104-2115.

胡税根, 翁列恩, 2017: 《构建政府权力规制的公共治理模式》. 《中国社会科学》, (11): 99-117, 206.

黄玖立, 李坤望, 2013: 《吃喝、腐败与企业订单》. 《经济研究》, (6): 71-84.

蒋伏心, 王竹君, 白俊红, 2013: 《环境规制对技术创新影响的双重效应: 基于江苏制造业动态面板数据的实证研究》. 《中国工业经济》, (7): 44-55.

李冬琴, 2018: 《环境政策工具组合、环境技术创新与绩效》. 《科学学研究》, 36(12): 160-169.

李健, 刘帅, 2019: 《钢铁行业绿色经济效益测评: 以宝钢为例》. 《软科学》, 33(7): 94-98.

李捷瑜, 黄宇丰, 2010: 《转型经济中的贿赂与企业增长》. 《经济学(季刊)》, 9(4): 1467-1484.

李青原, 肖泽华, 2020: 《异质性环境规制工具与企业绿色创新激励: 来自上市企业绿色专利的证据》. 《经济研究》, (9): 192-208.

李小平, 余东升, 余娟娟, 2020: 《异质性环境规制对碳生产率的空间溢出效应: 基于空间杜宾模型》. 《中国软科学》, 352(4): 82-96.

黎文靖, 郑曼妮, 2016: 《实质性创新还是策略性创新?——宏观产业政策对微观企业创新的影响》. 《经济研究》, 51(4): 60-73.

联合国粮食及农业组织, 2016: 《2016 粮食及农业状况: 气候变化、农业和粮食安全》. 罗马, 联合国粮食及农业组织.

林伯强, 李江龙, 2015: 《环境治理约束下的中国能源结构转变: 基于煤炭和二氧化碳峰值的分析》. 《中国社会科学》, (9): 84-107, 205.

林伯强, 谭睿鹏, 2019: 《中国经济集聚与绿色经济效率》. 《经济研究》, 54(2): 119-132.

林木西, 张紫薇, 2019: 《"区块链+生产"推动企业绿色生产: 对政府之手的新思考》. 《经济学动态》, (5): 42-56.

刘贯春, 张军, 丰超, 2017: 《金融体制改革与经济效率提升: 来自省级面板数据的经验分析》. 《管理世界》, 33(6): 9-22, 187.

刘晔, 张训常, 2018: 《环境保护税的减排效应及区域差异性分析: 基于我国排污费调整的实证研究》. 《税务研究》, (2): 41-47.

刘玉洁, 陈巧敏, 葛全胜, 等, 2018: 《气候变化背景下 1981-2010 中国小麦物候变化时空分异》. 《中国科学: 地球科学》, 48(7): 888-898.

刘章生, 宋德勇, 弓媛媛, 2017: 《中国绿色创新能力的时空分异与收敛性研究》. 《管理学报》, 14(10): 1475-1483.

龙文滨, 李四海, 丁绒, 2018: 《环境政策与中小企业环境表现: 行政强制抑或经济激励》. 《南开经济研究》, (3): 20-39.

马雅丽, 郭建平, 赵俊芳, 2019: 《晋北农牧交错带作物气候生产潜力分布特征及其对气候变化的响应》. 《生态学杂志》, 38(3): 818-827.

宁夏回族自治区统计局, 国家统计局宁夏调查总队, 2015: 宁夏统计年鉴 2015. 北京: 中国统计出版社.

潘丹, 2014: 《基于资源环境约束视角的中国农业绿色生产率测算及其影响因素解析》. 《统计与信息论坛》, 29(8): 27-33.

彭星, 李斌, 2016: 《不同类型环境规制下中国工业绿色转型问题研究》. 《财经研究》, 42(7): 134-144.

秦天, 2020: 《环境分权、环境规制与农业面源污染》. 重庆: 西南大学.

任婧宇, 彭守璋, 曹扬, 等, 2018: 《1901—2014 年黄土高原区域气候变化时空分布特征》. 《自然资源学报》, 33(4): 621-633.

茹蕾, 司伟, 2015: 《环境规制、技术效率与水污染减排成本: 基于中国制糖业的实证分析》. 《北京理工大学学报(社会科学版)》, 17(5): 15-24.

申宇, 傅立立, 赵静梅, 2015: 《市委书记更替对企业寻租影响的实证研究》. 《中国工业经济》, (9): 37-52.

生态环境部, 2018: 《中华人民共和国气候变化第三次国家信息通报》. 北京, 生态环境部.

孙建飞, 郑聚锋, 程琨, 等, 2018: 《面向自愿减排碳交易的生物质炭基肥固碳减排计量方法研究》. 《中国农业科学》, 51(23): 4470-4484.

孙悦, 2018: 《欧盟碳排放权交易体系及其价格机制研究》. 长春: 吉林大学.

唐凯, 2018: 《基于生物经济学的澳大利亚农业温室气体减排潜能分析》. 北京, 人民出版社.

唐凯, 2021: 《气候变化与雨养农业:基于微观证据与国际比较的生物经济学分析》. 北京, 经济科学出版社.

滕泽伟, 胡宗彪, 蒋西艳, 2017: 《中国服务业碳生产率变动的差异及收敛性研究》. 《数量经济技术经济研究》, 34(3): 78-94.

田均良, 等, 2010: 《黄土高原生态建设环境效应研究》. 北京, 气象出版社.

田磊, 2019: 《变化环境下黄土高原水文气候要素数值模拟及未来预测》. 咸阳: 西北农林科技大学.

涂远博, 王满仓, 卢山冰, 2018: 《规制强度、腐败与创新抑制: 基于贝叶斯博弈均衡的分析》. 《当代经济科学》,40 (1): 26-34, 124-125.

汪慧玲, 卢锦培, 白婧, 2014: 《中国农业污染物影子价格及其污染成本研究》. 《吉林大学社会科学学报》, 54(5): 40-48, 172.

王班班, 齐绍洲, 2016:《市场型和命令型政策工具的节能减排技术创新效应: 基于中国工业行业专利数据的实证》. 《中国工业经济》, (6): 91-108.

王锋正, 姜涛, 郭晓川, 2018: 《政府质量、环境规制与企业绿色技术创新》. 《科研管理》, 39(1): 26-33.

王红梅, 2016: 《中国环境规制政策工具的比较与选择: 基于贝叶斯模型平均(BMA)方法的实证研究》. 《中国人口·资源与环境》, 26(9): 132-138.

王林辉, 王辉, 董直庆, 2020: 《经济增长和环境质量相容性政策条件: 环境技术进步方向视角下的政策偏向效应检验》. 《管理世界》, 36(3): 39-60.

王竹君, 2019: 《异质型环境规制对我国绿色经济效率的影响研究》. 西安: 西北大学.

吴建祖, 王蓉娟, 2019: 《环保约谈提高地方政府环境治理效率了吗?——基于双重差分方法的实证分析》. 《公共管理学报》, 16(1): 54-65.

吴舜泽, 申宇, 郭林青, 等, 2020: 《中国环境战略与政策发展进程、特点及展望》. 《环境与可持续发展》, 45(1): 34-36.

谢宝妮, 2016: 《黄土高原近30年植被覆盖变化及其对气候变化的响应》. 咸阳: 西北农林科技大学.

胥刚, 2015: 《黄土高原农业结构变迁与农业系统战略构想》. 兰州: 兰州大学.

薛豫南, 2020: 《基于循环经济的畜禽污染治理动力机制》. 大连: 大连海事大学.

杨洪涛, 李瑞, 李桂君, 2018: 《环境规制类型与设计特征的交互对企业生态创新的影响》. 《管理学报》, 15(10): 1019-1027.

余东华, 胡亚男, 2016: 《环境规制趋紧阻碍中国制造业创新能力提升吗?——基于"波特假说"的再检验》. 《产业经济研究》, (2): 11-20.

余明桂, 回雅甫, 潘红波, 2010: 《政治联系、寻租与地方政府财政补贴有效性》. 《经济研究》, 45(3): 65-77.

余伟, 陈强, 陈华, 2017: 《环境规制、技术创新与经营绩效: 基于37个工业行业的实证分析》. 《科研管理》, 38(2): 18-25.

张成, 陆旸, 郭路, 等, 2011: 《环境规制强度和生产技术进步》. 《经济研究》, 46(2): 113-124.

张凡, 李长生, 2010: 《气候变化影响的黄土高原农业土壤有机碳与碳排放》. 《第四纪研究》, 30(3): 566-572.

张宁, 张维洁, 2019: 《中国用能权交易可以获得经济红利与节能减排的双赢吗?》. 《经济研究》, 54(1): 165-181.

张四海, 曹志平, 张国, 等, 2012: 《保护性耕作对农田土壤有机碳库的影响》. 《生态环境学报》, 21(2): 199-205.

赵一飞, 邹欣庆, 张勃, 等, 2015: 《黄土高原甘肃区降水变化与气候指数关系》. 《地理科学》, 35(10): 1325-1332.

赵玉民, 朱方明, 贺立龙, 2009: 《环境规制的界定、分类与演进研究》. 《中国人口·资源与环境》, 19(6): 85-90.

郑景云, 尹云鹤, 李炳元, 2010: 《中国气候区划新方案》. 《地理学报》, 65(1): 3-12.

周志波, 2019: 《环境税规制农业面源污染研究》. 重庆: 西南大学.

Aboal D, Garda P, Lanzilotta B, et al, 2015: "Innovation, firm size, technology intensity, and employment generation: evidence from the Uruguayan manufacturing sector".

Emerging Markets Finance and Trade, 51(1): 3-26.

Ackerberg D A, Caves K, Frazer G, 2015: "Identification properties of recent production function estimators". *Econometrica*, 83(6): 2411-2451.

Addai D, 2013: "The economics of adaptation to climate change by broadacre farmers in Western Australia". Perth, The University of Western Australia.

Adhikari A, Derashid C, Zhang H, 2006: "Public policy, political connections, and effective tax rates: longitudinal evidence from Malaysia". *Journal of Accounting and Public Policy*, 25(5): 574-595.

Aidt T S, 2016: "Rent seeking and the economics of corruption". *Constitutional Political Economy*, 27: 142-157.

Aigner D J, Chu S F, 1968: "On estimating the industry production function". *The American Economic Review*, 58(4): 826-839.

Albers H, Gornott C, Hüttel S, 2017: "How do inputs and weather drive wheat yield volatility? The example of Germany". *Food Policy*, 70: 50-61.

Albort-Morant G, Leal-Millán A, Cepeda-Carrión G, 2016: "The antecedents of green innovation performance: a model of learning and capabilities". *Journal of Business Research*, 69(11): 4912-4917.

Albrizio S, Kozluk T, Zipperer V, 2017: "Environmental policies and productivity growth: evidence across industries and firms". *Journal of Environmental Economics and Management*, 81: 209-226.

Aldy J E, Stavins R N, 2012: "The promise and problems of pricing carbon: theory and experience". *Journal of Environment & Development*, 21(2): 152-180.

Alesina A, Passarelli F, 2014: "Regulation versus taxation". *Journal of Public Economics*, 110: 147-156.

Ali A, Klasa S, Yeung E, 2014: "Industry concentration and corporate disclosure policy". *Journal of Accounting and Economics*, 58(2-3): 240-264.

Ambec S, Barla P A, 2002: "A theoretical foundation of the porter hypothesis". *Economics Letters*, 75(3): 355-360.

Ambec S, Cohen M A, Elgie S, et al, 2013: "The Porter hypothesis at 20: can environmental regulation enhance innovation and competitiveness?". *Review of Environmental Economics and Policy*, 7(1): 2-22.

An H, Chen Y Y, Luo D, et al, 2016: "Political uncertainty and corporate investment: evidence from China". *Journal of Corporate Finance*, 36: 174-189.

Antle J M, Capalbo S M, Mooney S, et al, 2001: "Economic analysis of agricultural soil carbon sequestration: an integrated assessment approach". *Journal of Agricultural and Resource Economics*, 26(2): 344-367.

Antle J M, Zhang H L, Mu J E, et al, 2018: "Methods to assess between-system adaptations to climate change: dryland wheat systems in the Pacific Northwest United

States". *Agriculture Ecosystems & Environment*, 253: 195-207.

Arminen H, Menegaki A N, 2019: "Corruption, climate and the energy-environment-growth nexus". *Energy Economics*, 80: 621-634.

Arslan A, Belotti F, Lipper L, 2017: "Smallholder productivity and weather shocks: adoption and impact of widely promoted agricultural practices in Tanzania". *Food Policy*, 69: 68-81.

Ashenfelter O C, Card D, 1984: "Using the longitudinal structure of earnings to estimate the effect of training programs". *The Review of Economics and Statistics*, 67(4): 648-660.

Ashraf A, Herzer D, Nunnenkamp P, 2016: "The effects of greenfield FDI and cross-border M&As on total factor productivity". *The World Economy*, 39(11): 1728-1755.

Åström S, Kiesewetter G, Schöpp W, et al, 2019: "Investment perspectives on costs for air pollution control affect the optimal use of emission control measures". *Clean Technologies and Environmental Policy*, 21(3): 695-705.

Athanasouli D, Goujard A, 2015: "Corruption and management practices: firm level evidence". *Journal of Comparative Economics*, 43(4): 1014-1034.

Bakam I, Balana B B, Matthews R, 2012: "Cost-effectiveness analysis of policy instruments for greenhouse gas emission mitigation in the agricultural sector". *Journal of Environmental Management*, 112: 33-44.

Banker R D, Morey R C, 1986: "Efficiency analysis for exogenously fixed inputs and outputs". *Operations Research*, 34(4): 513-521.

Barnea A, Rubin A, 2010. "Corporate social responsibility as a conflict between shareholders". *Journal of Business Ethics*, 97(1): 71-86.

Barney J, 1991: "Firm resources and sustained competitive advantage". *Journal of Management*, 17(1): 99-120.

Baumers M, Dickens P, Tuck C, et al, 2016: "The cost of additive manufacturing: machine productivity, economies of scale and technology-push". *Technological Forecasting and Social Change*, 102: 193-201.

Beerepoot M, Beerepoot N, 2007: "Government regulation as an impetus for innovation: evidence from energy performance regulation in the Dutch residential building sector". *Energy Policy*, 35(10): 4812-4825.

Bel G, Joseph S, 2018: "Policy stringency under the European Union Emission trading system and its impact on technological change in the energy sector". *Energy Policy*, 117: 434-444.

Bellarby J, Tirado R, Leip A, et al, 2013: "Livestock greenhouse gas emissions and mitigation potential in Europe". *Global Change Biology*, 19(1): 3-18.

Beltrán-Esteve M, Picazo-Tadeo A J, 2017: "Assessing environmental performance in the European Union: eco-innovation versus catching-up". *Energy Policy*, 104: 240-252.

Bennouri M, Chtioui T, Nagati H, et al, 2018: "Female board directorship and firm performance: What really matters?". *Journal of Banking & Finance*, 88: 267-291.

Berman E, Bui L T, 2001: "Environmental regulation and productivity: evidence from oil refineries". *The Review of Economics and Statistics*, 83(3): 498-510.

Bhattacharya U, Hsu P H, Tian X, et al, 2017: "What affects innovation more: policy or policy uncertainty?". *Journal of Financial and Quantitative Analysis*, 52(5): 1869-1901.

Bigelli M, Sánchez-Vidal J, 2012: "Cash holdings in private firms". *Journal of Banking & Finance*, 36(1): 26-35.

Birhanu A G, Gambardella A, Valentini G, 2016: "Bribery and investment: firm-level evidence from Africa and Latin America". *Strategic Management Journal*, 37(9): 1865-1877.

Birthal P S, Negi D S, Khan M T, et al, 2015: "Is Indian agriculture becoming resilient to droughts? Evidence from rice production systems". *Food Policy*, 56: 1-12.

Blackman A, Lahiri B, Pizer W, et al, 2010: "Voluntary environmental regulation in developing countries: Mexico's Clean Industry Program". *Journal of Environmental Economics and Management*, 60(3): 182-192.

Blackman A, Li Z Y, Liu A A, 2018: "Efficacy of command-and-control and market-based environmental regulation in developing countries". *Annual Review of Resource Economics*, 10: 381-404.

Bonaime A, Gulen H, Ion M, 2018: "Does policy uncertainty affect mergers and acquisitions?". *Journal of Financial Economics*, 129(3): 531-558.

Bosch D J, Stephenson K, Groover G, et al, 2008: "Farm returns to carbon credit creation with intensive rotational grazing". *Journal of Soil and Water Conservation*, 63(2): 91-98.

Bradley D, Pantzalis C, Yuan X J, 2016: "Policy risk, corporate political strategies, and the cost of debt". *Journal of Corporate Finance*, 40: 254-275.

Brown J R, Martinsson G, Petersen B C, 2012: "Do financing constraints matter for R&D?". *European Economic Review*, 56(8): 1512-1529.

Brown J R, Petersen B C, 2011: "Cash holdings and R&D smoothing". *Journal of Corporate Finance*, 17(3): 694-709.

Buchanan J M, 1983: "Rent seeking, noncompensated transfers, and laws of succession". *The Journal of Law and Economics*, 26(1): 71-85.

Bulte E, Damania R, 2008: "Resources for sale: corruption, democracy and the natural resource curse". *The B.E. Journal of Economic Policy and Analysis*, 8(1): 5.

Cai H B, Chen Y Y, Gong Q, 2016b: "Polluting thy neighbor: unintended consequences of China's pollution reduction mandates". *Journal of Environmental Economics and Management*, 76: 86-104.

Cai H B, Fang H M, Xu L C, 2011: "Eat, drink, firms, government: an investigation of corruption from the entertainment and travel costs of Chinese firms". *The Journal of Law and Economics*, 54(1): 55-78.

Cai X Q, Lu Y, Wu M Q, et al, 2016a: "Does environmental regulation drive away inbound foreign direct investment? Evidence from a quasi-natural experiment in China". *Journal of Development Economics*, 123: 73-85.

Campos N F, Giovannoni F, 2007: "Lobbying, corruption and political influence". *Public Choice*, 131(1/2): 1-21.

Candau F, Dienesch E, 2017: "Pollution haven and corruption paradise". *Journal of Environmental Economics and Management*, 85: 171-192.

Caparrós A, Péreau J C, Tazdaït T, 2013: "Emission trading and international competition: the impact of labor market rigidity on technology adoption and output". *Energy Policy*, 55: 36-43.

Caputo M R, 2014: "Comparative statics of a monopolistic firm facing price-cap and command-and-control environmental regulations". *Energy Economics*, 46: 464-471.

Castillo D, 2018: "State, monopoly and bribery. Market reforms and corruption in a Swedish state-owned enterprise". *Economics and Sociology*, 11(2): 64-79.

Célimène F, Dufrénot G, Mophou G, et al, 2016: "Tax evasion, tax corruption and stochastic growth". *Economic Modelling*, 52: 251-258.

Chakraborty P, Chatterjee C, 2017: "Does environmental regulation indirectly induce upstream innovation? New evidence from India". *Research Policy*, 46(5): 939-955.

Chalise S, Naranpanawa A, 2016: "Climate change adaptation in agriculture: a computable general equilibrium analysis of land-use change in Nepal". *Land Use Policy*, 59: 241-250.

Challinor A J, Watson J, Lobell D B, et al, 2014: "A meta-analysis of crop yield under climate change and adaptation". *Nature Climate Change*, 4(4): 287-291.

Chambers R G, Chung Y, Färe R, et al, 1998: "Profit, directional distance functions, and nerlovian efficiency". *Journal of Optimization Theory and Applications*, 98(2): 351-364.

Chan R Y K, He H W, Chan H K, et al, 2012: "Environmental orientation and corporate performance: the mediation mechanism of green supply chain management and moderating effect of competitive intensity". *Industrial Marketing Management*, 41(4): 621-630.

Charnes A, Cooper W W, 1962: "Programming with linear fractional functionals". *Naval Research Logistics Quarterly*, 9(3/4): 181-186.

Charnes A, Cooper W W, Rhodes E, 1978: "Measuring the efficiency of decision making units". *European Journal of Operational Research*, 2(6): 429-444.

Chen B, Cheng Y S, 2017: "The impacts of environmental regulation on industrial activities:

evidence from a quasi-natural experiment in Chinese prefectures". *Sustainability*, 9(4): 571.

Chen C J P, Li Z Q, Su X J, et al, 2011: "Rent-seeking incentives, corporate political connections, and the control structure of private firms: Chinese evidence". *Journal of Corporate Finance*, 17(2): 229-243.

Chen G J, Hou F J, Chang K L, et al, 2018a: "Driving factors of electric carbon productivity change based on regional and sectoral dimensions in China". *Journal of Cleaner Production*, 205: 477-487.

Chen H Y, Hao Y, Li J W, et al, 2018b: "The impact of environmental regulation, shadow economy, and corruption on environmental quality: theory and empirical evidence from China". *Journal of Cleaner Production*, 195: 200-214.

Chen H X, Zhao Y, Feng H, et al, 2015: "Assessment of climate change impacts on soil organic carbon and crop yield based on long-term fertilization applications in Loess Plateau, China". *Plant and Soil*, 390: 401-417.

Chen L L, He F, Zhang Q Z, et al, 2017a: "Two-stage efficiency evaluation of production and pollution control in Chinese iron and steel enterprises". *Journal of Cleaner Production*, 165: 611-620.

Chen V Z, Li J, Shapiro D M, et al, 2014: "Ownership structure and innovation: an emerging market perspective". *Asia Pacific Journal of Management*, 31(1): 1-24.

Chen Z, Kahn M E, Liu Y, et al, 2018c: "The consequences of spatially differentiated water pollution regulation in China". *Journal of Environmental Economics and Management*, 88: 468-485.

Chen Z G, Tang J, Wan J Y, et al, 2017b: "Promotion incentives for local officials and the expansion of urban construction land in China: using the Yangtze River Delta as a case study". *Land Use Policy*, 63: 214-225.

Chen Z H, Cihan M, Jens C E, 2023: "Political uncertainty and firm investment: project-level evidence from M&A activity". *Journal of Financial and Quantitative Analysis*, 58(1): 71-103.

Chen Z L, Yuan X C, Zhang X L, et al, 2020: "How will the Chinese national carbon emissions trading scheme work? The assessment of regional potential gains". *Energy Policy*, 137: 111095.

Chen Z M, Ohshita S, Lenzen M, et al, 2018d: "Consumption-based greenhouse gas emissions accounting with capital stock change highlights dynamics of fast-developing countries". *Nature Communications*, 9(1): 3581.

Cheng Z H, Li L S, Liu J, 2017: "The emissions reduction effect and technical progress effect of environmental regulation policy tools". *Journal of Cleaner Production*, 149: 191-205.

Cheng Z H, Li L S, Liu J, 2018: "The spatial correlation and interaction between environmental regulation and foreign direct investment". *Journal of Regulatory Economics*, 54(2): 124-146.

Chikowo R, Corbeels M, Tittonell P, et al, 2008: "Aggregating field-scale knowledge into farm-scale models of African smallholder systems: summary functions to simulate crop production using APSIM". *Agricultural Systems*, 97: 151-166.

Choi Y, Qi C, 2019: "Is South Korea's emission trading scheme effective? An analysis based on the marginal abatement cost of coal-fueled power plants". *Sustainability*, 11(9): 2504.

Chu H, Lai C C, 2014: "Abatement R&D, market imperfections, and environmental policy in an endogenous growth model". *Journal of Economic Dynamics and Control*, 41: 20-37.

Claessens L, Stoorvogel J J, Antle J M, 2008: "Ex ante assessment of dual-purpose sweet potato in the crop-livestock system of western Kenya: a minimum-data approach". *Agricultural Systems*, 99(1): 13-22.

Claessens S, Laeven L, 2003: "Financial development, property rights, and growth". *Journal of Finance*, 58(6): 2401-2436.

Clò S, Ferraris M, Florio M, 2017: "Ownership and environmental regulation: evidence from the European electricity industry". *Energy Economics*, 61: 298-312.

Coase R H, 1937: "The nature of the firm". *Economica*, 4(16): 386-405.

Coase R H, 1960: "The problem of social cost". *The Journal of Law and Economics*, 3:1-44.

Cole M A, Elliott R J R, Okubo T, 2010: "Trade, environmental regulations and industrial mobility: an industry-level study of Japan". *Ecological Economics*, 69(10): 1995-2002.

Colombo M G, Croce A, Guerini M, 2013: "The effect of public subsidies on firms' investment–cash flow sensitivity: transient or persistent?". *Research Policy*, 42(9): 1605-1623.

Costa-Campi M T, Duch-Brown N, García-Quevedo J, 2014: "R&D drivers and obstacles to innovation in the energy industry". *Energy Economics*, 46: 20-30.

Covas F, den Haan W J, 2012: "The role of debt and equity finance over the business cycle". *The Economic Journal*, 122(565): 1262-1286.

Crossland J, Li B, Roca E, 2013: "Is the European Union Emissions Trading Scheme (EU ETS) informationally efficient? Evidence from momentum-based trading strategies". *Applied Energy*, 109: 10-23.

Cui L, Jiang F M, 2012: "State ownership effect on firms' FDI ownership decisions under institutional pressure: a study of Chinese outward-investing firms". *Journal of International Business Studies*, 43(3): 264-284.

Czarnitzki D, Hanel P, Rosa J M, 2011: "Evaluating the impact of R&D tax credits on innovation: a microeconometric study on Canadian firms". *Research Policy*, 40(2): 217-229.

Dang J W, Motohashi K, 2015: "Patent statistics: a good indicator for innovation in China? Patent subsidy program impacts on patent quality". *China Economic Review*, 35: 137-155.

de Miranda Ribeiro F, Kruglianskas I, 2015: "Principles of environmental regulatory quality: a synthesis from literature review". *Journal of Cleaner Production*, 96: 58-76.

Debnath S C, 2015: "Environmental regulations become restriction or a cause for innovation: a case study of Toyota Prius and Nissan Leaf". *Procedia-Social and Behavioral Sciences*, 195: 324-333.

Dechezleprêtre A, Sato M, 2017: "The impacts of environmental regulations on competitiveness". *Review of Environmental Economics and Policy*, 11(2): 183-206.

Deng F M, Jin Y N, Ye M, et al, 2019: "New fixed assets investment project environmental performance and influencing factors: an empirical analysis in China's Optics Valley". *International Journal of Environmental Research and Public Health*, 16(24): 4891.

Deng X H, Song X Y, Xu Z M, 2018: "Transaction costs, modes, and scales from agricultural to industrial water rights trading in an inland river basin, northwest China". *Water*, 10(11): 1598.

Dickinson V, 2011: "Cash flow patterns as a proxy for firm life cycle". *The Accounting Review*, 86(6): 1969-1994.

Ding H Y, Fang H M, Lin S, et al, 2020: "Equilibrium consequences of corruption on firms: evidence from China's anti-corruption campaign". Cambridge, NBER.

D'Inverno G, Carosi L, Romano G, et al, 2018: "Water pollution in wastewater treatment plants: an efficiency analysis with undesirable output". *European Journal of Operational Research*, 269(1): 24-34.

Dong F, Dai Y J, Zhang S N, et al, 2019: "Can a carbon emission trading scheme generate the Porter effect? Evidence from pilot areas in China". *Science of the Total Environment*, 653: 565-577.

Dong H M, Li Y E, Tao X P, et al, 2008: "China's greenhouse gas emissions from agricultural activities and its mitigation strategy". *Transactions of the Chinese Society of Agricultural Engineering*, 24(10): 269-273.

Du K R, Li J L, 2019: "Towards a green world: how do green technology innovations affect total-factor carbon productivity". *Energy Policy*, 131: 240-250.

Du L M, Hanley A, Zhang N, 2016: "Environmental technical efficiency, technology gap and shadow price of coal-fuelled power plants in China: a parametric meta-frontier analysis". *Resource and Energy Economics*, 43: 14-32.

Dutta N, Sobel R, 2016: "Does corruption ever help entrepreneurship?". *Small Business*

Economics, 47: 179-199.

Edirisuriya P, 2017: "Financial deepening, economic growth and corruption: the case of Islamic banking". *Review of Economics & Finance*, 8(2): 1923-7529.

Ehrlich P R, Kennedy D, 2005: "Millennium assessment of human behavior". *Science*, 309(5734): 562-563.

Ekins P, Pollitt H, Summerton P, et al, 2012: "Increasing carbon and material productivity through environmental tax reform". *Energy Policy*, 42: 365-376.

Elsayed K, Paton D, 2005: "The impact of environmental performance on firm performance: static and dynamic panel data evidence". *Structural Change and Economic Dynamics*, 16(3): 395-412.

Ezzi F, Jarboui A, 2016: "Does innovation strategy affect financial, social and environmental performance?". *Journal of Economics, Finance and Administrative Science*, 21(40): 14-24.

Fahad S, Wang J L, 2018: "Farmers' risk perception, vulnerability, and adaptation to climate change in rural Pakistan". *Land Use Policy*, 79: 301-309.

Fan J P, Guan F, Li Z, et al, 2014: "Relationship networks and earnings informativeness: evidence from corruption cases". *Journal of Business Finance & Accounting*, 41(7/8): 831-866.

Fang G, Tian L, Liu M, et al, 2018: "How to optimize the development of carbon trading in China? Enlightenment from evolution rules of the EU carbon price". *Applied Energy*, 211: 1039-1049.

Fang G C, Lu L X, Tian L X, et al, 2020: "Research on the influence mechanism of carbon trading on new energy: a case study of ESER system for China". *Physica A: Statistical Mechanics and Its Applications*, 545: 123572.

FAO, 2017: "FAO Strategy on Climate Change". Rome, FAO.

Färe R, Grosskopf S, Noh D W, et al, 2005: "Characteristics of a polluting technology: theory and practice". *Journal of Econometrics*, 126(2): 469-492.

Färe R, Grosskopf S, Pasurka C, 2016: "Technical change and pollution abatement costs". *European Journal of Operational Research*, 248(2): 715-724.

Färe R, Martins-Filho C, Vardanyan M, 2010: "On functional form representation of multi-output production technologies". *Journal of Productivity Analysis*, 33(2): 81-96.

Farquharson R, Abadi A, Finlayson J, et al, 2013: "EverFarm®-climate adapted perennial-based farming systems for dryland agriculture in southern Australia". Townsville, National Climate Change Adaptation Research Facility.

Feng X M, Fu B J, Piao S L, et al, 2016: "Revegetation in China's Loess Plateau is approaching sustainable water resource limits". *Nature Climate Change*, 6(11): 1019-1022.

Feng Y C, Wang X H, Du W C, et al, 2019: "Effects of environmental regulation and FDI on urban innovation in China: a spatial Durbin econometric analysis". *Journal of Cleaner Production*, 235: 210-224.

Fernández Y F, López M A F, Blanco B O, 2018: "Innovation for sustainability: the impact of R&D spending on CO_2 emissions". *Journal of Cleaner Production*, 172: 3459-3467.

Fiala N, 2008: "Meeting the demand: an estimation of potential future greenhouse gas emissions from meat production". *Ecological Economics*, 67(3): 412-419.

Ford J A, Steen J, Verreynne M L, 2014: "How environmental regulations affect innovation in the Australian oil and gas industry: going beyond the Porter Hypothesis". *Journal of Cleaner Production*, 84: 204-213.

Fredriksson P G, Neumayer E, 2016: "Corruption and climate change policies: do the bad old days matter?". *Environmental and Resource Economics*, 63(2): 451-469.

Frondel M, Horbach J, Rennings K, 2007: "End-of-pipe or cleaner production? An empirical comparison of environmental innovation decisions across OECD countries". *Business Strategy and the Environment*, 16(8): 571-584.

Fu B J, Liu Y, Lu Y H, et al, 2011: "Assessing the soil erosion control service of ecosystems change in the Loess Plateau of China". *Ecological Complexity*, 8(4): 284-293.

Fu B J, Wang Y F, Lu Y H, et al, 2009: "The effects of land-use combinations on soil erosion: a case study in the Loess Plateau of China". *Progress in Physical Geography Earth and Environment*, 33(6): 793-804.

Fu W, Huang M B, Gallichand J, et al, 2012: "Optimization of plant coverage in relation to water balance in the Loess Plateau of China". *Geoderma*, 173: 134-144.

Gan W, Xu X, 2019: "Does anti-corruption campaign promote corporate R&D investment? Evidence from China". *Finance Research Letters*, 30: 292-296.

Gan Y T, Campbell C A, Janzen H H, et al, 2009: "Carbon input to soil from oilseed and pulse crops on the Canadian prairies.". *Agriculture, Ecosystems & Environment*, 132(3/4): 290-297.

Gatersleben B, Steg L, Vlek C, 2002: "Measurement and determinants of environmentally significant consumer behavior". *Environment and Behavior*, 34(3): 335-362.

Geltman E G, Gill G, Jovanovic M, 2016: "Impact of executive order 13211 on environmental regulation: an empirical study". *Energy Policy*, 89: 302-310.

Gervais S, Heaton J B, Odean T, 2011: "Overconfidence, compensation contracts, and capital budgeting". *The Journal of Finance*, 66(5): 1735-1777.

González-Estrada E, Rodriguez L C, Walen V K, et al, 2008: "Carbon sequestration and farm income in West Africa: identifying best management practices for smallholder agricultural systems in northern Ghana". *Ecological Economics*, 67(3): 492-502.

Guan K Y, Sultan B, Biasutti M, et al, 2017: "Assessing climate adaptation options and uncertainties for cereal systems in West Africa". *Agricultural and Forest Meteorology*,

232: 291-305.

Guimarães P H S, Madalena F E, Cezar I M, 2006: "Comparative economics of Holstein/Gir F1 dairy female production and conventional beef cattle suckler herds: a simulation study". *Agricultural Systems*, 88(2/3): 111-124.

Gulbrandsen L H, Stenqvist C, 2013: "The limited effect of EU emissions trading on corporate climate strategies: comparison of a Swedish and a Norwegian pulp and paper company". *Energy Policy*, 56: 516-525.

Gulen H, Ion M, 2016: "Policy uncertainty and corporate investment". *Review of Financial Studies*, 29(3): 523-564.

Guo L L, Qu Y, Tseng M L, 2017: "The interaction effects of environmental regulation and technological innovation on regional green growth performance". *Journal of Cleaner Production*, 162: 894-902.

Hafezi M, Zolfagharinia H, 2018: "Green product development and environmental performance: investigating the role of government regulations". *International Journal of Production Economics*, 204: 395-410.

Hailu A, Chambers R G, 2012: "A luenberger soil-quality indicator". *Journal of Productivity Analysis*, 38(2): 145-154.

Hailu A, Durkin J, Sadler R, et al, 2011: "Agent-based modelling study of shadow, saline water table management in the Katanning catchment, Western Australia". Canberra, RIRDC.

Hailu A, Veeman T S, 2000: "Environmentally sensitive productivity analysis of the Canadian pulp and paper industry, 1959-1994: an input distance function approach". *Journal of Environmental Economics and Management*, 40(3): 251-274.

Hall B H, 2011: "Innovation and productivity". Cambridge, NBER.

Hamamoto M, 2006: "Environmental regulation and the productivity of Japanese manufacturing industries". *Resource and Energy Economics*, 28(4): 299-312.

Harrison A, Hyman B, Martin L, et al, 2015: "When do firms go green? Comparing command and control regulations with price incentives in India". *National Bureau of Economic Research Working Paper*, 21763.

Hasegawa T, Fujimori S, Takahashi K, et al, 2016: "Economic implications of climate change impacts on human health through undernourishment". *Climatic Change*, 136(2): 189-202.

Hashmi R, Alam K, 2019: "Dynamic relationship among environmental regulation, innovation, CO_2 emissions, population, and economic growth in OECD countries: a panel investigation". *Journal of Cleaner Production*, 231: 1100-1109.

Havlík P, Valin H, Mosnier A, et al, 2013: "Crop productivity and the global livestock sector: implications for land use change and greenhouse gas emissions". *American Journal of Agricultural Economics*, 95(2): 442-448.

Hawkins J, Ma C B, Schilizzi S, et al, 2018: "China's changing diet and its impacts on greenhouse gas emissions: an index decomposition analysis". *Australian Journal of Agricultural and Resource Economics*, 62(1): 45-64.

He J, 2010: "What is the role of openness for China's aggregate industrial SO₂ emission? A structural analysis based on the divisia decomposition method". *Ecological Economics*, 69(4): 868-886.

He J J, Tian X, 2013: "The dark side of analyst coverage: the case of innovation". *Journal of Financial Economics*, 109(3): 856-878.

Herrero M, González-Estrada E, Thornton P K, et al, 2007: "IMPACT: generic household-level databases and diagnostic tools for integrated crop-livestock systems analysis". *Agricultural Systems*, 92(1/2/3): 240-265.

Herrero M, Henderson B, Havlík P, et al, 2016: "Greenhouse gas mitigation potentials in the livestock sector". *Nature Climate Change*, 6(5): 452-461.

Herridge D F, Peoples M B, Boddey R M, 2008: "Global inputs of biological nitrogen fixation in agricultural systems". *Plant and Soil*, 311(1/2): 1-18.

Hillman A J, 2005: "Politicians on the board of directors: Do connections affect the bottom line?". *Journal of Management*, 31(3): 464-481.

Hirshleifer D, Hsu P H, Li D M, 2018: "Innovative originality, profitability, and stock returns". *Review of Financial Studies*, 31(7): 2553-2605.

Hoang M H, Do T H, Pham M T, et al, 2013: "Benefit distribution across scales to reduce emissions from deforestation and forest degradation (REDD+) in Vietnam". *Land Use Policy*, 31: 48-60.

Honoré F, Munari F, van Pottelsberghe de la Potterie B V P, 2015: "Corporate governance practices and companies' R&D intensity: evidence from European countries". *Research Policy*, 44(2): 533-543.

Hoque H, Mu S L, 2019: "Partial private sector oversight in China's A-share IPO market: an empirical study of the sponsorship system". *Journal of Corporate Finance*, 56: 15-37.

Hotte L, Winer S L, 2012: "Environmental regulation and trade openness in the presence of private mitigation". *Journal of Development Economics*, 97(1): 46-57.

Howell A, 2016: "Firm R&D, innovation and easing financial constraints in China: Does corporate tax reform matter?". *Research Policy*, 45(10): 1996-2007.

Hu Y C, Ren S G, Wang Y J, et al, 2020: "Can carbon emission trading scheme achieve energy conservation and emission reduction? Evidence from the industrial sector in China". *Energy Economics*, 85: 104590.

Huang J P, Yu H P, Guan X D, et al, 2016: "Accelerated dryland expansion under climate change". *Nature Climate Change*, 6(2/3): 166-171.

Hunt C, 2008: "Economy and ecology of emerging markets and credits for bio-sequestered carbon on private land in tropical Australia". *Ecological Economics*, 66(2): 309-318.

Hwang H, 2019: "Essays on corporate disclosure and organizational structure". Pittsburgh: Carnegie Mellon University.

Iftikhar Y, He W J, Wang Z H, 2016: "Energy and CO_2 emissions efficiency of major economies: a non-parametric analysis". *Journal of Cleaner Production*, 139: 779-787.

IPCC, 2006: "2006 IPCC Guidelines for National Greenhouse Gas Inventories". Geneva, Intergovernmental Panel on Climate Change.

Ivanova K, 2011: "Corruption and air pollution in Europe". *Oxford Economic Papers*, 63(1): 49-70.

Jaraitė-Kažukauskė J, di Maria C, 2016: "Did the EU ETS make a difference? An empirical assessment using Lithuanian firm-level data". *The Energy Journal*, 37(1): 1-23.

Jensen B B, 2002: "Knowledge, action and pro-environmental behaviour". *Environmental Education Research*, 8(3): 325-334.

Jermann U, Quadrini V, 2012: "Macroeconomic effects of financial shocks". *The American Economic Review*, 102(1): 238-271.

Ji C J, Hu Y J, Tang B J, 2018: "Research on carbon market price mechanism and influencing factors: a literature review". *Natural Hazards*, 92(2): 761-782.

Ji Y Y, Ranjan R, Burton M A, 2017: "A bivariate probit analysis of factors affecting partial, complete and continued adoption of soil carbon sequestration technology in rural China". *Journal of Environmental Economics and Policy*, 6(2): 153-167.

Jiang L L, Lin C, Liu P, 2014: "The determinants of pollution levels: firm-level evidence from Chinese manufacturing". *Journal of Comparative Economics*, 42(1): 118-142.

Jiang Z Y, Wang Z J, Li Z B, 2018: "The effect of mandatory environmental regulation on innovation performance: evidence from China". *Journal of Cleaner Production*, 203: 482-491.

Jin W, Zhang H, Liu S, et al, 2019: "Technological innovation, environmental regulation, and green total factor efficiency of industrial water resources". *Journal of Cleaner Production*, 211: 61-69.

Julio B, Yook Y, 2012: "Political uncertainty and corporate investment cycles". *The Journal of Finance*, 67(1): 45-83.

Kafouros M, Wang C Q, Piperopoulos P, et al, 2015: "Academic collaborations and firm innovation performance in China: the role of region-specific institutions". *Research Policy*, 44(3): 803-817.

Kaya Y, Yokobori K, 1997: "Environment, Energy, and Economy: Strategies for Sustainability". Tokyo, United Nations University Press.

Kemp R, Pontoglio S, 2011: "The innovation effects of environmental policy instruments: a typical case of the blind men and the elephant?". *Ecological Economics*, 72: 28-36.

Khataza R R B, Hailu A, Kragt M E, et al, 2017: "Estimating shadow price for symbiotic nitrogen and technical efficiency for legume-based conservation agriculture in Malawi". *Australian Journal of Agricultural and Resource Economics*, 61(3): 462-480.

Kingwell R, 2011: "Managing complexity in modern farming". *Australian Journal of Agricultural and Resource Economics*, 55(1): 12-34.

Kirkegaard J, Christen O, Krupinsky J, et al, 2008: "Break crop benefits in temperate wheat production". *Field Crops Research*, 107(3): 185-195.

Kollmuss A, Agyeman J, 2002: "Mind the gap: why do people act environmentally and what are the barriers to pro-environmental behavior?". *Environmental Education Research*, 8(3): 239-260.

Kontolaimou A, Giotopoulos I, Tsakanikas A, 2016: "A typology of European countries based on innovation efficiency and technology gaps: the role of early-stage entrepreneurship". *Economic Modelling*, 52: 477-484.

Korhonen J, Pätäri S, Toppinen A, et al, 2015: "The role of environmental regulation in the future competitiveness of the pulp and paper industry: the case of the sulfur emissions directive in Northern Europe". *Journal of Cleaner Production*, 108: 864-872.

Kostka G, 2016: "Command without control: the case of China's environmental target system". *Regulation & Governance*, 10(1): 58-74.

Koumanakos E, Roumelis T, Goletsis Y, 2017: "Corporate tax compliance during macro-economic fluctuations". *Journal of Accounting and Taxation*, 9(4): 36-55.

Kragt M E, Pannell D J, Robertson M J, et al, 2012: "Assessing costs of soil carbon sequestration by crop-livestock farmers in Western Australia". *Agricultural Systems*, 112: 27-37.

Krajhanzl J, 2010: "Environmental and pro-environmental behavior". *School and Health*, 21(1): 251-274.

Krammer S M, 2019: "Greasing the wheels of change: bribery, institutions, and new product introductions in emerging markets". *Journal of Management*, 45(5): 1889-1926.

Kumar S, Fujii H, Managi S, 2015: "Substitute or complement? Assessing renewable and nonrenewable energy in OECD countries". *Applied Economics*, 47(14): 1438-1459.

Květoň V, Horák P, 2018: "The effect of public R&D subsidies on firms' competitiveness: regional and sectoral specifics in emerging innovation systems". *Applied Geography*, 94: 119-129.

la Ferrara E, Chong A, Duryea S, 2012: "Soap operas and fertility: evidence from Brazil". *American Economic Journal: Applied Economics*, 4(4): 1-31.

la Rocca M, la Rocca T, Cariola A, 2011: "Capital structure decisions during a firm's life cycle". *Small Business Economics*, 37(1): 107-130.

Lai S, Du P F, Chen J C, 2004: "Evaluation of non-point source pollution based on unit analysis". *Journal of Tsinghua University (Science and Technology)*, 44(9): 1184-1187.

Lee H, Choi Y, 2018: "Greenhouse gas performance of Korean local governments based on non-radial DDF". *Technological Forecasting and Social Change*, 135: 13-21.

Leleu H, 2013: "Shadow pricing of undesirable outputs in nonparametric analysis". *European Journal of Operational Research*, 231(2): 474-480.

Leuz C, Wysocki P D, 2016: "The economics of disclosure and financial reporting regulation: evidence and suggestions for future research". *Journal of Accounting Research*, 54(2): 525-622

Levinsohn J, Petrin A, 2003: "Estimating production functions using inputs to control for unobservables". *The Review of Economic Studies*, 70(2): 317-341.

Li C, Lu J, 2018: "R&D, financing constraints and export green-sophistication in China". *China Economic Review*, 47: 234-244.

Li D Y, Zheng M, Cao C C, et al, 2017a: "The impact of legitimacy pressure and corporate profitability on green innovation: evidence from China top 100". *Journal of Cleaner Production*, 141: 41-49.

Li H, Zhang J, Wang C, et al, 2018c: "An evaluation of the impact of environmental regulation on the efficiency of technology innovation using the combined DEA model: a case study of Xi'an, China". *Sustainable Cities and Society*, 42: 355-369.

Li H B, Meng L S, Wang Q, et al, 2008: "Political connections, financing and firm performance: evidence from Chinese private firms". *Journal of Development Economics*, 87(2): 283-299.

Li H B, Meng L S, Zhang J, 2006: "Why do entrepreneurs enter politics? Evidence from China". *Economic Inquiry*, 44(3): 559-578.

Li H B, Zhou L A, 2005: "Political turnover and economic performance: the incentive role of personnel control in China". *Journal of Public Economics*, 89(9/10): 1743-1762.

Li J, Rodriguez D, Tang X, 2017b: "Effects of land lease policy on changes in land use, mechanization and agricultural pollution". *Land Use Policy*, 64: 405-413.

Li R Q, Ramanathan R, 2018: "Exploring the relationships between different types of environmental regulations and environmental performance: evidence from China". *Journal of Cleaner Production*, 196: 1329-1340.

Li S J, Wang S J, 2019: "Examining the effects of socioeconomic development on China's carbon productivity: a panel data analysis". *Science of the Total Environment*, 659: 681-690.

Li S J, Zhou C S, Wang S J, et al, 2018b: "Dose urban landscape pattern affect CO_2 emission efficiency? Empirical evidence from megacities in China". *Journal of Cleaner Production*, 203: 164-178.

Li W H, Gu Y, Liu F, et al, 2019: "The effect of command-and-control regulation on environmental technological innovation in China: a spatial econometric approach".

Environmental Science and Pollution Research, 26(34): 34789-34800.

Li W W, Wang W P, Wang Y, et al, 2018a: "Historical growth in total factor carbon productivity of the Chinese industry: a comprehensive analysis". *Journal of Cleaner Production*, 170: 471-485.

Li X L, Philp J, Cremades R, et al, 2016: "Agricultural vulnerability over the Chinese Loess Plateau in response to climate change: exposure, sensitivity, and adaptive capacity". *Ambio*, 45(3): 350-360.

Li Z, Liu W Z, Zhang X C, et al, 2011: "Assessing the site-specific impacts of climate change on hydrology, soil erosion and crop yields in the Loess Plateau of China". *Climatic Change*, 105(1): 223-242.

Liao X C, Shi X P, 2018: "Public appeal, environmental regulation and green investment: evidence from China". *Energy Policy*, 119: 554-562.

Lichtman-Sadot S, 2019: "Can public transportation reduce accidents? Evidence from the introduction of late-night buses in Israeli cities". *Regional Science and Urban Economics*, 74: 99-117.

Lin B Q, Jia Z J, 2019: "What will China's carbon emission trading market affect with only electricity sector involvement? A CGE based study". *Energy Economics*, 78: 301-311.

Lin C, Lin P, Song F, 2010: "Property rights protection and corporate R&D: evidence from China". *Journal of Development Economics*, 93(1): 49-62.

Lisson S, MacLeod N, McDonald C, et al, 2010: "A participatory, farming systems approach to improving Bali cattle production in the smallholder crop-livestock systems of Eastern Indonesia". *Agricultural Systems*, 103(7): 486-497.

Liu C C, Ryan S G, 2006: "Income smoothing over the business cycle: changes in banks' coordinated management of provisions for loan losses and loan charge-offs from the pre-1990 bust to the 1990s boom". *The Accounting Review*, 81(2): 421-441.

Liu H W, Wu J, Chu J F, 2019: "Environmental efficiency and technological progress of transportation industry-based on large scale data". *Technological Forecasting and Social Change*, 144: 475-482.

Liu J, Liu M, Zhuang D, et al, 2003: "Study on spatial pattern of land-use change in China during 1995-2000". *Science in China Series D: Earth Sciences*, 46(4): 373-384.

Liu J Y, Feng C, 2018: "Marginal abatement costs of carbon dioxide emissions and its influencing factors: a global perspective". *Journal of Cleaner Production*, 170: 1433-1450.

Liu L C, Wu G, 2017: "The effects of carbon dioxide, methane and nitrous oxide emission taxes: an empirical study in China". *Journal of Cleaner Production*, 142: 1044-1054.

Liu Q L, Wang Q, 2017a: "How China achieved its 11th Five-Year Plan emissions reduction target: a structural decomposition analysis of industrial SO_2 and chemical oxygen demand". *Science of the Total Environment*, 574: 1104-1116.

Liu W, Sang T, 2013: "Potential productivity of the Miscanthus energy crop in the Loess Plateau of China under climate change". *Environmental Research Letters*, 8(4): 044003.

Liu W L, Wang Z H, 2017b: "The effects of climate policy on corporate technological upgrading in energy intensive industries: evidence from China". *Journal of Cleaner Production*, 142: 3748-3758.

Liu X, Liu F, 2022: "Environmental regulation and corporate financial asset allocation: a natural experiment from the new environmental protection law in China". *Finance Research Letters*, 47, 102974.

Liu Y, Tan X J, Yu Y, et al, 2017: "Assessment of impacts of Hubei Pilot emission trading schemes in China: a CGE-analysis using TermCO2 model". *Applied Energy*, 189: 762-769.

Liu Y, Zhang X C, 2017: "Carbon emission trading system and enterprise R&D innovation: an empirical study based on triple difference model". *Economic Science*, 3: 102-114.

Liu Y L, Li Z H, Yin X M, 2018: "Environmental regulation, technological innovation and energy consumption: a cross-region analysis in China". *Journal of Cleaner Production*, 203: 885-897.

Liu Y S, Fang F, Li Y H, 2014: "Key issues of land use in China and implications for policy making". *Land Use Policy*, 40: 6-12.

Long H L, Liu Y S, Li X B, et al, 2010: "Building new countryside in China: a geographical perspective". *Land Use Policy*, 27(2): 457-470.

Lovely M, Popp D, 2011: "Trade, technology, and the environment: does access to technology promote environmental regulation?". *Journal of Environmental Economics and Management*, 61(1): 16-35.

Lu H F, Ma X, Huang K, et al, 2020: "Carbon trading volume and price forecasting in China using multiple machine learning models". *Journal of Cleaner Production*, 249: 119386.

Ma D, Fei R, Yu Y, 2019: "How government regulation impacts on energy and CO2 emissions performance in China's mining industry". *Resources Policy*, 62: 651-663.

Majanga B B, 2015: "The dividend effect on stock price: an empirical analysis of Malawi listed companies". *Accounting and Finance Research*, 4(3): 1-99.

Meng M, Niu D X, 2012: "Three-dimensional decomposition models for carbon productivity". *Energy*, 46(1): 179-187.

Meng S, Siriwardana M, McNeill J, et al, 2018: "The impact of an ETS on the Australian energy sector: an integrated CGE and electricity modelling approach". *Energy Economics*, 69: 213-224.

Messing I, Chen L D, Hessel R, 2003: "Soil conditions in a small catchment on the Loess Plateau in China". *Catena*, 54(1/2): 45-58.

Mi Z F, Zeng G, Xin X R, et al, 2018: "The extension of the porter hypothesis: can the role of environmental regulation on economic development be affected by other dimensional regulations?". *Journal of Cleaner Production*, 203: 933-942.

Millimet D L, Roy J, 2016: "Empirical tests of the pollution haven hypothesis when environmental regulation is endogenous". *Journal of Applied Econometrics*, 31(4): 652-677.

Mitra S, Webster S, 2008: "Competition in remanufacturing and the effects of government subsidies". *International Journal of Production Economics*, 111(2): 287-298.

Molinos-Senante M, Sala-Garrido R, 2017: "How much should customers be compensated for interruptions in the drinking water supply?". *Science of the Total Environment*, 586: 642-649.

Moore A D, Robertson M J, Routley R, 2011: "Evaluation of the water use efficiency of alternative farm practices at a range of spatial and temporal scales: a conceptual framework and a modelling approach". *Agricultural Systems*, 104: 162-174.

Morrison D A, Kingwell R S, Pannell D J, et al, 1986: "A mathematical programming model of a crop-livestock farm system". *Agricultural Systems*, 20(4): 243-268.

Moser P, Voena A, 2012: "Compulsory licensing: evidence from the trading with the enemy act". *The American Economic Review*, 102(1): 396-427.

Murty M N, Kumar S, Dhavala K K, 2007: "Measuring environmental efficiency of industry: a case study of thermal power generation in India". *Environmental and Resource Economics*, 38(1): 31-50.

Nguyen N A, Doan Q H, Nguyen N M, et al, 2016: "The impact of petty corruption on firm innovation in Vietnam". *Crime, Law and Social Change*, 65(4): 377-394.

Nolan S, Unkovich M, Shen Y Y, et al, 2008: "Farming systems of the Loess Plateau, Gansu Province, China". *Agriculture, Ecosystems & Environment*, 124(1/2): 13-23.

Nong D, Meng S, Siriwardana M, 2017: "An assessment of a proposed ETS in Australia by using the MONASH-Green model". *Energy Policy*, 108: 281-291.

Owen S, Yawson A, 2010: "Corporate life cycle and M&A activity". *Journal of Banking & Finance*, 34(2): 427-440.

Pan X F, Ai B W, Li C Y, et al, 2019: "Dynamic relationship among environmental regulation, technological innovation and energy efficiency based on large scale provincial panel data in China". *Technological Forecasting and Social Change*, 144: 428-435.

Pannell D J, 1997: "Sensitivity analysis of normative economic models: theoretical framework and practical strategies". *Agricultural Economics*, 16(2): 139-152.

Papageorgiadis N, Sharma A, 2016: "Intellectual property rights and innovation: a panel analysis". *Economics Letters*, 141: 70-72.

Pendell D L, Williams J R, Boyles S B, et al, 2007: "Soil carbon sequestration strategies with alternative tillage and nitrogen sources under risk". *Applied Economic Perspectives and Policy*, 29(2): 247-268.

Peneder M, 2017: "Competitiveness and industrial policy: from rationalities of failure towards the ability to evolve". *Cambridge Journal of Economics*, 41(3): 829-858.

Peng B, Tu Y, Elahi E, et al, 2018: "Extended producer responsibility and corporate performance: effects of environmental regulation and environmental strategy". *Journal of Environmental Management*, 218: 181-189.

Perman R, Ma Y, Common M, et al, 2011: "Natural Resource and Environmental Economics". 4th ed. London, Pearson.

Pigou A C, 1920: "The Economics of Welfare". London, Palgrave Macmillan.

Porter M E, 1991: "America's green strategy". *Scientific American*, 264(4): 168.

Porter M E, van der Linde C, 1995: "Toward a new conception of the environment-competitiveness relationship". *Journal of Economic Perspectives*, 9(4): 97-118.

Pu Z N, Fu J S, 2018: "Economic growth, environmental sustainability and China mayors' promotion". *Journal of Cleaner Production*, 172: 454-465.

Qiao P H, Ju X F, Fung H G, 2014: "Industry association networks, innovations, and firm performance in Chinese small and medium-sized enterprises". *China Economic Review*, 29: 213-228.

Qiu L, Hu D, Wang Y, 2020: "How do firms achieve sustainability through green innovation under external pressures of environmental regulation and market turbulence?". *Business Strategy and the Environment*, 29(6): 2695-2714.

Qiu L D, Zhou M H, Wei X, 2018: "Regulation, innovation, and firm selection: the porter hypothesis under monopolistic competition". *Journal of Environmental Economics and Management*, 92: 638-658.

Que W, Zhang Y, Schulze G, 2019: "Is public spending behavior important for Chinese official promotion? Evidence from city-level". *China Economic Review*, 54: 403-417.

Rajaniemi M, Mikkola H, Ahokas J, 2011: "Greenhouse gas emissions from oats, barley, wheat and rye production". *Agronomy Research*, 9(1): 189-195.

Ramanathan R, Black A, Nath P, 2010: "Impact of environmental regulations on innovation and performance in the UK industrial sector". *Management Decision*, 48(10): 1493-1513.

Ramanathan R, He Q L, Black A, et al, 2017: "Environmental regulations, innovation and firm performance: a revisit of the Porter hypothesis". *Journal of Cleaner Production*, 155: 79-92.

Ramanathan R, Ramanathan U, Bentley Y, 2018: "The debate on flexibility of environmental regulations, innovation capabilities and financial performance: a novel use of DEA". *Omega*, 75: 131-138.

Reganold J P, Wachter J M, 2016: "Organic agriculture in the twenty-first century". *Nature Plants*, 2(2): 15221.

Ren S G, Li X L, Yuan B L, et al, 2018: "The effects of three types of environmental regulation on eco-efficiency: a cross-region analysis in China". *Journal of Cleaner Production*, 173: 245-255.

Reno W, 2008: "Anti-corruption efforts in Liberia: are they aimed at the right targets?". *International Peacekeeping*, 15(3): 387-404.

Richardson S, 2006: "Over-investment of free cash flow". *Review of Accounting Studies*, 11(2/3): 159-189.

Richter J L, Mundaca L, 2013: "Market behavior under the New Zealand ETS". *Carbon Management*, 4(4): 423-438.

Robbins P, 2000: "The rotten institution: corruption in natural resource management". *Political Geography*, 19(4): 423-443.

Robertson M J, Pannell D J, Chalak M, 2012: "Whole-farm models: a review of recent approaches". *Australian Farm Business Management Network*, 9(2):13-26.

Rodríguez López J M R, Sakhel A, Busch T, 2017: "Corporate investments and environmental regulation: the role of regulatory uncertainty, regulation-induced uncertainty, and investment history". *European Management Journal*, 35(1): 91-101.

Rodríguez M, Pansera M, Lorenzo P C, 2020: "Do indicators have politics? A review of the use of energy and carbon intensity indicators in public debates". *Journal of Cleaner Production*, 243: 118602.

Rogge K S, Hoffmann V H, 2010: "The impact of the EU ETS on the sectoral innovation system for power generation technologies: findings for Germany". *Energy Policy*, 38(12): 7639-7652.

Rogge K S, Schneider M, Hoffmann V H, 2011: "The innovation impact of the EU emission trading system: findings of company case studies in the German power sector". *Ecological Economics*, 70(3): 513-523.

Rong Z, Wu X K, Boeing P, 2017: "The effect of institutional ownership on firm innovation: evidence from Chinese listed firms". *Research Policy*, 46(9): 1533-1551.

Rubashkina Y, Galeotti M, Verdolini E, 2015: "Environmental regulation and competitiveness: empirical evidence on the Porter Hypothesis from European manufacturing sectors". *Energy Policy*, 83: 288-300.

Saeidi S P, Sofian S, Saeidi P, et al, 2015: "How does corporate social responsibility contribute to firm financial performance? The mediating role of competitive advantage, reputation, and customer satisfaction". *Journal of Business Research*, 68(2): 341-350.

Salazar-Espinoza C, Jones S, Tarp F, 2015: "Weather shocks and cropland decisions in rural Mozambique". *Food Policy*, 53: 9-21.

Sampath V S, Gardberg N A, Rahman N, 2018: "Corporate reputation's invisible hand:

bribery, rational choice, and market penalties". *Journal of Business Ethics*, 151(3): 743-760.

Samuelson P A, 1954: "The pure theory of public expenditure". *The Review of Economics and Statistics*, 36(4): 387-389.

Sanderman J, Farquharson R, Baldock J, 2010: "Soil carbon sequestration potential: a review for Australian agriculture". Canberra, CSIRO Sustainable Agriculture National Research Flagship.

Segura S, Ferruz L, Gargallo P, et al, 2018: "Environmental versus economic performance in the EU ETS from the point of view of policy makers: a statistical analysis based on copulas". *Journal of Cleaner Production*, 176: 1111-1132.

Shabbir G, Anwar M, Adil S, 2016: "Corruption, political stability and economic growth". *The Pakistan Development Review*, 55(4): 689-702.

Shao S, Tian Z H, Yang L L, 2017: "High speed rail and urban service industry agglomeration: evidence from China's Yangtze River Delta region". *Journal of Transport Geography*, 64: 174-183.

Shao S, Yang Z B, Yang L L, et al, 2019: "Can China's energy intensity constraint policy promote total factor energy efficiency? Evidence from the industrial sector". *The Energy Journal*, 40(4): 101-128.

Shapiro J S, Walker R, 2018: "Why is pollution from US manufacturing declining? The roles of environmental regulation, productivity, and trade". *The American Economic Review*, 108(12): 3814-3854.

Sharma C, Mitra A, 2015: "Corruption, governance and firm performance: evidence from Indian enterprises". *Journal of Policy Modeling*, 37(5): 835-851.

Shen N, Liao H L, Deng R M, et al, 2019: "Different types of environmental regulations and the heterogeneous influence on the environmental total factor productivity: empirical analysis of China's industry". *Journal of Cleaner Production*, 211: 171-184.

Shi B B, Feng C, Qiu M, et al, 2018: "Innovation suppression and migration effect: the unintentional consequences of environmental regulation". *China Economic Review*, 49: 1-23.

Shi X Z, Xu Z F, 2018: "Environmental regulation and firm exports: evidence from the eleventh Five-Year Plan in China". *Journal of Environmental Economics and Management*, 89: 187-200.

Schumpeter J A, 2017: "Theory of Economic Development". London, Routledge.

Seru A, 2014: "Firm boundaries matter: evidence from conglomerates and R&D activity". *Journal of Financial Economics*, 111(2): 381-405.

Shan Y L, Guan D B, Zheng H R, et al, 2018: "China CO_2 emission accounts 1997-2015". *Scientific Data*, 5(1): 170201.

Shi X Z, Xu Z F, 2018: "Environmental regulation and firm exports: evidence from the eleventh Five-Year Plan in China". *Journal of Environmental Economics and Management*, 89: 187-200.

Simelton E, Fraser E D G, Termansen M, et al, 2012: "The socioeconomics of food crop production and climate change vulnerability: a global scale quantitative analysis of how grain crops are sensitive to drought". *Food Security*, 4(2): 163-179.

Smale R, Hartley M, Hepburn C, et al, 2006: "The impact of CO_2 emissions trading on firm profits and market prices". *Climate Policy*, 6(1): 31-48.

Smith J A, Todd P E, 2005: "Does matching overcome LaLonde's critique of nonexperimental estimators?". *Journal of Econometrics*, 125(1/2): 305-353.

Smith L, Inman A, Lai X, et al, 2017: "Mitigation of diffuse water pollution from agriculture in England and China, and the scope for policy transfer". *Land Use Policy*, 61: 208-219.

Smith P, Martino D, Cai Z C, et al, 2008: "Greenhouse gas mitigation in agriculture". *Philosophical Transactions of the Royal Society of London Series B: Biological Sciences*, 363(1492): 789-813.

Solarin S A, Al-Mulali U, Musah I, et al, 2017: "Investigating the pollution haven hypothesis in Ghana: an empirical investigation". *Energy*, 124: 706-719.

Spithoven A, Vanhaverbeke W, Roijakkers N, 2013: "Open innovation practices in SMEs and large enterprises". *Small Business Economics*, 41(3): 537-562.

Stavins R N, 1999: "The costs of carbon sequestration: a revealed-preference approach". *The American Economic Review*, 89(4): 994-1009.

Stigson B, 2010: "Sustainable development for industry and society". *Building Research & Information*, 27(6): 424-430.

Sun P, Mellahi K, Wright M, 2012: "The contingent value of corporate political ties". *Academy of Management Perspectives*, 26(3): 68-82.

Sun Y, Cao C, 2018: "The evolving relations between government agencies of innovation policymaking in emerging economies: a policy network approach and its application to the Chinese case". *Research Policy*, 47(3): 592-605.

Takeda S, Arimura T H, Tamechika H, et al, 2014: "Output-based allocation of emissions permits for mitigating the leakage and competitiveness issues for the Japanese economy". *Environmental Economics and Policy Studies*, 16(1): 89-110.

Tang K, Gong C Z, Wang D, 2016b. "Reduction potential, shadow prices, and pollution costs of agricultural pollutants in China". *Science of the Total Environment*, 541: 42-50.

Tang K, Hailu A, 2020: "Smallholder farms' adaptation to the impacts of climate change: evidence from China's Loess Plateau". *Land Use Policy*, 91: 104353.

Tang K, Hailu A, Kragt M E, et al, 2016d: "Marginal abatement costs of greenhouse gas emissions: broadacre farming in the Great Southern Region of Western Australia".

Australian Journal of Agricultural and Resource Economics, 60(3): 459-475.

Tang K, Hailu A, Kragt M E, et al, 2018: "The response of broadacre mixed crop-livestock farmers to agricultural greenhouse gas abatement incentives". *Agricultural Systems*, 160: 11-20.

Tang K, Hailu A, Yang Y T, 2020a: "Agricultural chemical oxygen demand mitigation under various policies in China: a scenario analysis". *Journal of Cleaner Production*, 250: 119513.

Tang K, He C T, Ma C B, et al, 2019: "Does carbon farming provide a cost-effective option to mitigate GHG emissions? Evidence from China". *Australian Journal of Agricultural and Resource Economics*, 63(3): 575-592.

Tang K, Kragt M E, Hailu A, et al, 2016a: "Carbon farming economics: what have we learned?". *Journal of Environmental Management*, 172: 49-57.

Tang K, Qiu Y, Zhou D, 2020b: "Does command-and-control regulation promote green innovation performance? Evidence from China's industrial enterprises". *Science of the Total Environment*, 712: 136362.

Tang K, Yang L, Zhang J W, 2016c: "Estimating the regional total factor efficiency and pollutants' marginal abatement costs in China: a parametric approach". *Applied Energy*, 184: 230-240.

Tang L, Wu J Q, Yu L A, et al, 2017: "Carbon allowance auction design of China's emissions trading scheme: a multi-agent-based approach". *Energy Policy*, 102: 30-40.

Taylor C M, Pollard S J T, Rocks S A, et al, 2015: "Better by design: business preferences for environmental regulatory reform". *Science of the Total Environment*, 512: 287-295.

Testa F, Iraldo F, Frey M, 2011: "The effect of environmental regulation on firms' competitive performance: the case of the building & construction sector in some EU regions". *Journal of Environmental Management*, 92(9): 2136-2144.

Thamo T, Addai D, Pannell D J, et al, 2017: "Climate change impacts and farm-level adaptation: economic analysis of a mixed cropping: livestock system". *Agricultural Systems*, 150: 99-108.

Thamo T, Kingwell R S, Pannell D J, 2013: "Measurement of greenhouse gas emissions from agriculture: economic implications for policy and agricultural producers". *Australian Journal of Agricultural and Resource Economics*, 57(2): 234-252.

Thanatawee Y, 2011: "Life-cycle theory and free cash flow hypothesis: evidence from dividend policy in Thailand". *International Journal of Financial Research*, 2(2): 225.

Tone K, 2001: "A slacks-based measure of efficiency in data envelopment analysis". *European Journal of Operational Research*, 130(3): 498-509.

Tone K, 2002: "A slacks-based measure of super-efficiency in data envelopment analysis". *European Journal of Operational Research*, 143(1): 32-41.

Trinh T Q, Rañola R F, Camacho L D, et al, 2018: "Determinants of farmers' adaptation to climate change in agricultural production in the central region of Vietnam". *Land Use Policy*, 70: 224-231.

Tsunekawa A, Liu G B, Yamanaka N, et al, 2014: "Restoration and Development of the Degraded Loess Plateau, China". Tokyo, Springer Japan.

Tullock G, 2001: "Long-run equilibrium and total expenditures in rent-seeking: a comment" //Lockard A A, Tullock G. *Efficient Rent-Seeking*. Boston: Springer.

van Valkengoed A M, Steg L, 2019: "Meta-analyses of factors motivating climate change adaptation behaviour". *Nature Climate Change*, 9(2): 158-163.

van Vliet M T H, Franssen W H P, Yearsley J R, et al, 2013: "Global river discharge and water temperature under climate change". *Global Environmental Change*, 23(2): 450-464.

van Vu H, Tran T Q, Van Nguyen T, et al, 2018: "Corruption, types of corruption and firm financial performance: new evidence from a transitional economy". *Journal of Business Ethics*, 148: 847-858.

Verburg P H, Chen Y Q, 2000: "Multiscale characterization of land-use patterns in China". *Ecosystems*, 3(4): 369-385.

Wang C H, Wu J J, Zhang B, 2018a: "Environmental regulation, emissions and productivity: evidence from Chinese COD-emitting manufacturers". *Journal of Environmental Economics and Management*, 92: 54-73.

Wang F, Cheng Z H, Keung C, et al, 2015a: "Impact of manager characteristics on corporate environmental behavior at heavy-polluting firms in Shaanxi, China". *Journal of Cleaner Production*, 108: 707-715.

Wang H, Chen Z P, Wu X Y, et al, 2019a: "Can a carbon trading system promote the transformation of a low-carbon economy under the framework of the porter hypothesis? Empirical analysis based on the PSM-DID method". *Energy Policy*, 129: 930-938.

Wang K, Che L N, Ma C B, et al, 2017b: "The shadow price of CO_2 emissions in China's iron and steel industry". *Science of the Total Environment*, 598: 272-281.

Wang Q T, Xie X L, Wang M, 2015b: "Environmental regulation and firm location choice in China". *China Economic Journal*, 8(3): 215-234.

Wang S, Fu B J, Chen H B, et al, 2018c: "Regional development boundary of China's Loess Plateau: water limit and land shortage". *Land Use Policy*, 74: 130-136.

Wang S, Fu B J, Piao S L, et al, 2016c: "Reduced sediment transport in the Yellow River due to anthropogenic changes". *Nature Geoscience*, 9(1): 38-41.

Wang S F, Chu C, Chen G Z, et al, 2016a: "Efficiency and reduction cost of carbon emissions in China: a non-radial directional distance function method". *Journal of Cleaner Production*, 113: 624-634.

Wang S J, Huang Y Y, 2019: "Spatial spillover effects and driving factors of carbon emission intensity in Chinese cities". *Acta Geographica Sinica*, 74(6): 1131-1148.

Wang S J, Liu X P, 2017: "China's city-level energy-related CO$_2$ emissions: spatiotemporal patterns and driving forces". *Applied Energy*, 200: 204-214.

Wang W, Koslowski F, Nayak D R, et al, 2014b: "Greenhouse gas mitigation in Chinese agriculture: distinguishing technical and economic potentials". *Global Environmental Change*, 26: 53-62.

Wang X Y, Zhang C T, Zhang Z J, 2019b: "Pollution haven or porter? The impact of environmental regulation on location choices of pollution-intensive firms in China". *Journal of Environmental Management*, 248: 109248.

Wang Y, Ge X L, Liu J L, et al, 2016b: "Study and analysis of energy consumption and energy-related carbon emission of industrial in Tianjin, China". *Energy Strategy Reviews*, 10: 18-28.

Wang Y, Shen N, 2016: "Environmental regulation and environmental productivity: the case of China". *Renewable and Sustainable Energy Reviews*, 62: 758-766.

Wang Y, Sun X H, Wang B C, et al, 2020: "Energy saving, GHG abatement and industrial growth in OECD countries: a green productivity approach". *Energy*, 194: 116833.

Wang Y, You J, 2012: "Corruption and firm growth: evidence from China". *China Economic Review*, 23(2): 415-433.

Wang Y Q, Zhang X C, Huang C Q, 2009: "Spatial variability of soil total nitrogen and soil total phosphorus under different land uses in a small watershed on the Loess Plateau, China". *Geoderma*, 150(1/2): 141-149.

Wang Y S, Bian Y W, Xu H, 2015c: "Water use efficiency and related pollutants' abatement costs of regional industrial systems in China: a slacks-based measure approach". *Journal of Cleaner Production*, 101: 301-310.

Wang Y T, Liu J, Hansson L, et al, 2011: "Implementing stricter environmental regulation to enhance eco-efficiency and sustainability: a case study of Shandong Province's pulp and paper industry, China". *Journal of Cleaner Production*, 19(4): 303-310.

Wang Y Z, Chen C R, Huang Y S, 2014a: "Economic policy uncertainty and corporate investment: evidence from China". *Pacific-Basin Finance Journal*, 26: 227-243.

Wang Y Z, Wei Y L, Song F M, 2017a: "Uncertainty and corporate R&D investment: evidence from Chinese listed firms". *International Review of Economics & Finance*, 47: 176-200.

Wang Z H, Yang Y T, Wang B, 2018b: "Carbon footprints and embodied CO$_2$ transfers among provinces in China". *Renewable and Sustainable Energy Reviews*, 82: 1068-1078.

Wei S J, Xie Z, Zhang X B, 2017: "From 'made in China' to 'innovated in China': necessity, prospect, and challenges". *Journal of Economic Perspectives*, 31(1): 49-70.

Wen J, Feng G F, Chang C P, et al, 2018: "Stock liquidity and enterprise innovation: new evidence from China". *The European Journal of Finance*, 24(9): 683-713.

Whitbread A M, Robertson M J, Carberry P S, et al, 2010: "How farming systems simulation can aid the development of more sustainable smallholder farming systems in Southern Africa". *European Journal of Agronomy*, 32(1): 51-58.

Wiebe K, Lotze-Campen H, Sands R, et al, 2015: "Climate change impacts on agriculture in 2050 under a range of plausible socioeconomic and emissions scenarios". *Environmental Research Letters*, 10(8): 085010.

Wooldridge J M, 2009: "On estimating firm-level production functions using proxy variables to control for unobservables". *Economics Letters*, 104(3): 112-114.

World Bank, 2013: "Looking beyond the horizon: how climate change impacts and adaptation responses will reshape agriculture in Eastern Europe and Central Asia". Washington, World Bank.

Wright T, 2008: "Rents and rent seeking in the coal industry" //Ngo K W, Rent Seeking in China. London, Routledge: 98-116.

Wu J, Deng Y H, Huang J, et al, 2014: "Incentives and outcomes: China's environmental policy". *Capitalism and Society*, 9(1): 1-41.

Wu J J, Guo Q H, Yuan J H, et al, 2019a: "An integrated approach for allocating carbon emission quotas in China's emissions trading system". *Resources, Conservation and Recycling*, 143: 291-298.

Wu J X, Ma C B, 2019: "The convergence of China's marginal abatement cost of CO_2: an emission-weighted continuous state space approach". *Environmental and Resource Economics*, 72(4): 1099-1119.

Wu J X, Ma C B, Tang K, 2019b: "The static and dynamic heterogeneity and determinants of marginal abatement cost of CO_2 emissions in Chinese cities". *Energy*, 178: 685-694.

Wu W F, Wu C F, Zhou C Y, et al, 2012: "Political connections, tax benefits and firm performance: evidence from China". *Journal of Accounting and Public Policy*, 31(3): 277-300.

Wu X R, Zhang J B, You L Z, 2018a: "Marginal abatement cost of agricultural carbon emissions in China: 1993-2015". *China Agricultural Economic Review*, 10(4): 558-571.

Wu Y Y, Xi X C, Tang X, et al, 2018b: Policy distortions, farm size, and the overuse of agricultural chemicals in China". *Proceedings of the National Academy of Sciences of the United States of America*, 115(27): 7010-7015.

Xie R H, Yuan Y J, Huang J J, 2017: "Different types of environmental regulations and heterogeneous influence on 'green' productivity: evidence from China". *Ecological Economics*, 132: 104-112.

Xin Z B, Yu X X, Li Q Y, et al, 2011: "Spatiotemporal variation in rainfall erosivity on the Chinese Loess Plateau during the period 1956-2008". *Regional Environmental Change*, 11(1): 149-159.

Xu G, Yano G, 2017: "How does anti-corruption affect corporate innovation? Evidence from recent anti-corruption efforts in China". *Journal of Comparative Economics*, 45(3): 498-519.

Xu G, Zhang D Y, Yano G, 2017: "Can corruption really function as 'protection money' and 'grease money'? Evidence from Chinese firms". *Economic Systems*, 41(4): 622-638.

Yabar H, Uwasu M, Hara K, 2013: "Tracking environmental innovations and policy regulations in Japan: case studies on dioxin emissions and electric home appliances recycling". *Journal of Cleaner Production*, 44: 152-158.

Yang C H, Huang C H, Hou T C T, 2012: "Tax incentives and R&D activity: firm-level evidence from Taiwan". *Research Policy*, 41(9): 1578-1588.

Yang J, Guo H X, Liu B B, et al, 2018: "Environmental regulation and the pollution haven hypothesis: do environmental regulation measures matter?". *Journal of Cleaner Production*, 202: 993-1000.

Yang L, Tang K, Wang Z H, et al, 2017c: "Regional eco-efficiency and pollutants' marginal abatement costs in China: a parametric approach". *Journal of Cleaner Production*, 167: 619-629.

Yang X Q, Han L, Li W L, et al, 2017a: "Monetary policy, cash holding and corporate investment: evidence from China". *China Economic Review*, 46: 110-122.

Yang Z B, Fan M T, Shao S, et al, 2017b: "Does carbon intensity constraint policy improve industrial green production performance in China? A quasi-DID analysis". *Energy Economics*, 68: 271-282.

Yi L, Bai N, Yang L, et al, 2020: "Evaluation on the effectiveness of China's pilot carbon market policy". *Journal of Cleaner Production*, 246: 119039.

Yin H T, Ma C B, 2009: "International integration: a hope for a greener China?". *International Marketing Review*, 26(3): 348-367.

Yin J H, Zheng M Z, Chen J, 2015: "The effects of environmental regulation and technical progress on CO_2 Kuznets curve: an evidence from China". *Energy Policy*, 77: 97-108.

You D M, Zhang Y, Yuan B L, 2019: "Environmental regulation and firm eco-innovation: evidence of moderating effects of fiscal decentralization and political competition from listed Chinese industrial companies". *Journal of Cleaner Production*, 207: 1072-1083.

Yu Y T, Zhang N, 2019: "Does smart city policy improve energy efficiency? Evidence from a quasi-natural experiment in China". *Journal of Cleaner Production*, 229: 501-512.

Yuan B L, Xiang Q L, 2018: "Environmental regulation, industrial innovation and green development of Chinese manufacturing: based on an extended CDM model". *Journal of Cleaner Production*, 176: 895-908.

Yuan B L, Zhang K, 2017: "Can environmental regulation promote industrial innovation and productivity? Based on the strong and weak Porter hypothesis". *Chinese Journal of Population Resources and Environment*, 15(4): 322-336.

Yuan Z Q, Yu K L, Epstein H, et al, 2016: "Effects of legume species introduction on vegetation and soil nutrient development on abandoned croplands in a semi-arid environment on the Loess Plateau, China". *Science of the Total Environment*, 541: 692-700.

Yung K, Root A, 2019: "Policy uncertainty and earnings management: international evidence". *Journal of Business Research*, 100: 255-267.

Zelekha Y, Sharabi E, 2012: "Tax incentives and corruption: evidence and policy implications". *International Journal of Economic Sciences*, 1(2): 138-159.

Zhan J V, 2017: "Do natural resources breed corruption? Evidence from China". *Environmental and Resource Economics*, 66: 237-259.

Zhang B Q, He C S, Burnham M, et al, 2016: "Evaluating the coupling effects of climate aridity and vegetation restoration on soil erosion over the Loess Plateau in China". *Science of the Total Environment*, 539: 436-449.

Zhang C Z, Liu S, Wu S X, et al, 2019c: "Rebuilding the linkage between livestock and cropland to mitigate agricultural pollution in China". *Resources, Conservation and Recycling*, 144: 65-73.

Zhang H J, Duan M S, Deng Z, 2019a: "Have China's pilot emissions trading schemes promoted carbon emission reductions? The evidence from industrial sub-sectors at the provincial level". *Journal of Cleaner Production*, 234: 912-924.

Zhang H M, Li L S, Zhou D Q, et al, 2014a: "Political connections, government subsidies and firm financial performance: evidence from renewable energy manufacturing in China". *Renewable Energy*, 63: 330-336.

Zhang K K, Xu D Y, Li S R, et al, 2019b: "Has China's pilot emissions trading scheme influenced the carbon intensity of output?". *International Journal of Environmental Research and Public Health*, 16(10): 1854.

Zhang L, Chen Y Y, He Z Y, 2018b: "The effect of investment tax incentives: evidence from China's value-added tax reform". *International Tax and Public Finance*, 25(4): 913-945.

Zhang L L, Xiong L C, Cheng B D, et al, 2018a: "How does foreign trade influence China's carbon productivity? Based on panel spatial lag model analysis". *Structural Change and Economic Dynamics*, 47: 171-179.

Zhang N, Yu Y N, 2016: "Marginal abatement cost of pollutants for China: a nonparametric approach". *Energy Sources, Part B: Economics, Planning, and Policy*, 11(8): 753-759.

Zhang W, Pan X F, Yan Y B, et al, 2017: "Convergence analysis of regional energy efficiency in China based on large-dimensional panel data model". *Journal of Cleaner Production*, 142: 801-808.

Zhang W F, Dou Z X, He P, et al, 2013: "New technologies reduce greenhouse gas emissions from nitrogenous fertilizer in China". *Proceedings of the National Academy of Sciences of the United States of America*, 110(21): 8375-8380.

Zhang X P, Xu Q N, Zhang F, et al, 2014b: "Exploring shadow prices of carbon emissions at provincial levels in China". *Ecological Indicators*, 46: 407-414.

Zhang Y, Zhang J K, 2019: "Estimating the impacts of emissions trading scheme on low-carbon development". *Journal of Cleaner Production*, 238: 117913.

Zhang Y J, Liang T, Jin Y L, et al, 2020: "The impact of carbon trading on economic output and carbon emissions reduction in China's industrial sectors". *Applied Energy*, 260: 114290.

Zhao X G, Zhang Y, 2018: "Technological progress and industrial performance: a case study of solar photovoltaic industry". *Renewable and Sustainable Energy Reviews*, 81: 929-936.

Zhao X L, Zhao Y, Zeng S X, et al, 2015: "Corporate behavior and competitiveness: impact of environmental regulation on Chinese firms". *Journal of Cleaner Production*, 86: 311-322.

Zheng D, Shi M J, 2017: "Multiple environmental policies and pollution haven hypothesis: evidence from China's polluting industries". *Journal of Cleaner Production*, 141: 295-304.

Zhou B, Zhang C, Song H Y, et al, 2019: "How does emission trading reduce China's carbon intensity? An exploration using a decomposition and difference-in-differences approach". *Science of the Total Environment*, 676: 514-523.

Zhou P, Ang B W, Wang H, 2012: "Energy and CO_2 emission performance in electricity generation: a non-radial directional distance function approach". *European Journal of Operational Research*, 221(3): 625-635.

Zhou Q, 2012: "Study on shadow pricing based charge rate scheme for urban wastewater treatment upgrading". Beijing, Chinese Academy of Environmental Science.

Zhou Z Y, 2017: "Government ownership and exposure to political uncertainty: evidence from China". *Journal of Banking & Finance*, 84: 152-165.

Zhu B Z, Zhang M F, Huang L Q, et al, 2020: "Exploring the effect of carbon trading mechanism on China's green development efficiency: a novel integrated approach". *Energy Economics*, 85: 104601.

Zhu X, 2013: "Estimating the pollutions shadow price and the productivity of papermaking enterprise in Dongguan". Guangzhou, Jinan University.

Zugravu-Soilita N, 2017: "How does foreign direct investment affect pollution? Toward a better understanding of the direct and conditional effects". *Environmental and Resource Economics*, 66(2): 293-338.